"十四五"时期国家重点出版物出版专项规划项目

主编：傅诚德　｜　副主编：高瑞祺　章卫兵

走进石油（第二版）

Touch the Petroleum

 守护碧水蓝天
—— 石油安全环保

闫伦江　朱圣珍
雍瑞生　李兴春　吴百春　等编著

石油工业出版社

图书在版编目（CIP）数据

守护碧水蓝天：石油安全环保 / 闫伦江等编著 . — 北京：石油工业出版社，2023.12

（走进石油：第二版）

ISBN 978–7–5183–6241–7

Ⅰ. ①守… Ⅱ. ①闫… Ⅲ. ①石油工业–安全生产②石油工业–环境保护 Ⅳ. ① TE687 ② X74

中国国家版本馆 CIP 数据核字（2023）第 168491 号

出版发行：石油工业出版社
（北京安定门外安华里 2 区 1 号　100011）
网　　址：www.petropub.com
编辑部：（010）64523825　图书营销中心：（010）64523633
经　　销：全国新华书店
印　　刷：北京中石油彩色印刷有限责任公司

2023 年 12 月第 1 版　2023 年 12 月第 1 次印刷
710×1000 毫米　开本：1/16　印张：10.75
字数：130 千字

定价：60.00 元
（如出现印装质量问题，我社图书营销中心负责调换）
版权所有，翻印必究

《走进石油》(第二版)

丛书编委会

主　任：匡立春
副主任：傅诚德　江同文　雷　平
委　员：李　宁　苏义脑　胡文瑞　黄维和　徐春明　邹才能
　　　　高瑞祺　王大锐　吴　奇　胡　杰　何盛宝　马宝金
　　　　闫伦江　王　震　曾　萍　李俊军　张　镇　王雪松
　　　　章卫兵

丛书编写组

主　编：傅诚德
副主编：高瑞祺　章卫兵
成　员：（按姓氏笔画排序）
　　　　马新福　王长会　方　可　丛者峰　吕焕通　刘明明
　　　　闫建文　李　中　李　欣　张贺恩　陈朋超　武宏亮
　　　　周英操　庞奇伟　孟祥海　胡才仲　娄舒洁　崔玉波
　　　　葛稚新　谢水祥　潘玉全

本书编写组

组　　长：闫伦江

副组长：朱圣珍　雍瑞生　李兴春　吴百春

成　　员：（按姓氏笔画排序）

马　琳　毛　慧　王庆吉　王若尧　王毅霖　仝　坤
任　雯　刘双星　刘龙杰　刘光全　关国伟　许　毓
孙成仁　孙佶沛　李　婷　李巨峰　吴慧君　宋佳宇
张　华　张坤峰　张明栋　张昱涵　张晓飞　陈宏坤
邵志国　罗　臻　周　洋　郑　瑾　郑家乐　赵永涛
钟国财　聂　凡　翁艺斌　栾国华　谢水祥　薛　明

序（第二版）

石油和天然气作为世界主要能源和优质化工原料，是当今社会经济发展中最重要的生产力要素之一。目前，世界能源消费结构份额中，石油占比最大，石油与天然气占比合计超过一半。一个国家对石油和天然气的拥有量和占有量已成为其综合国力的重要标志。半个世纪前，美国前国务卿基辛格博士曾说，谁控制了石油，谁就控制了所有国家。石油的供需状况不仅在相当大的程度上直接影响一个国家的经济稳定和战略安全，而且往往成为影响一个地区乃至全球政治经济秩序的重要因素。

当前，以可再生能源+能源互联网为核心的第三次工业革命正在快速推进，大力发展可再生能源已成为全球能源革命和应对全球气候变化的普遍共识。在国家"碳达峰、碳中和"目标背景下，石油工业面临能源结构调整的巨大压力，也迎来了推进绿色低碳转型和能源科技创新的时代机遇。据多家权威机构预测，石油和天然气仍然是人类近50~100年的主导能源，世界各国继续把发展石油和天然气，保持和增加对其拥有量和占有量作为重大战略问题。科学技术越发成为保障国家能源安全，提升石油行业竞争力的重要手段。

科技创新、科学普及是实现创新发展的两翼。许多伟大的科学家和创新者都是通过科学普及这扇大门进入神秘的科学世界。为了让国内外更多读者了解石油、走进石油，2006年由中国石油学会科普教育委员会和石油工业出版社共同组织出版了《走进石油》科普丛书。丛书由傅诚德教授主编，侯祥麟、田在艺两位院士作序，出版后受到我国石油科技界和社会大众的广泛支持和欢迎。

近年来，世界石油科技突飞猛进，新能源产业也在蓬勃发展，新理论、新方法、新工艺层出不穷，大数据、云计算、人工智能等新技术与石油工业的融合日趋紧密，因此亟待向业内和社会大众推广和普及。《走进石油》(第二版)在第一版10个分册的基础上扩充到15个分册，条目由600多条增加到1200多条，涵盖了石油石化行业完整的知识链，内容新颖，图文并茂，是一套兼具科学性、通俗性和趣味性的科普丛书。读者看到的不仅仅是一个又一个知识闪光点，还将回眸石油科技创新和发展的非凡历程，感受科技工作者创新创造的科学家精神，触摸石油工业无比璀璨的未来。

在此，谨对《走进石油》(第二版)的出版表示热烈祝贺。我相信，随着这套丛书的出版发行，一定会有更多的读者以此为阶梯，迈向石油科学技术的高峰。

张玉卓

时任中国科协党组书记、分管日常工作副主席、书记处第一书记
现任国务院国有资产监督管理委员会党委书记、主任
中国工程院院士

编者的话

石油，顾名思义，就是石头里产出来的油。和煤、铁、铜、金等矿藏一样，石油也是一种产于地壳中的宝贵矿藏，但它以一种流体形态赋存于地下。世界上第一个提出"石油"这一科学命名的人是中国北宋科学家、曾任陕西延安府太守的沈括（1031—1095）。在他所著的《梦溪笔谈》中记载："鄜、延（即鄜、延二州，今陕西延安一带）境内有石油，旧说'高奴县出脂水'，即此也。"他还曾预言"此物后必大行于世，自余始为之"。而在国外，直至1556年才由德国人乔治·拜耳提出石油（Petroleum）一词，Petro指岩石，Oleum指油脂，二者合在一起即石油。中国沈括命名石油比西方国家早了约500年。

无论是作为燃料，还是以它为原料制成的各种产品，石油已经渗透到人类社会的各个领域。汽车、飞机和轮船使用的汽油、航空煤油、柴油等动力燃料由石油炼制而来，人们日常生活中离不开的塑料、橡胶制品和绚丽多彩的服装鞋帽等，都与石油息息相关。因此，石油有了"工业的血液""黑色的金子"等美誉。石油如此珍贵，不仅在改变着人们的生活，也让世界上有些国家为争夺石油资源而上演一场场惊心动魄的地缘争斗。据统计，20世纪后半叶发生的地区冲突大多与石油有关。

石油工业的发展和石油科学技术的进步，不仅对国家能源安全、国民经济建设和国防现代化具有重要意义，而且与全面建设小康社会以及人们的衣、食、住、行紧密相关。为了让广大读者一探石油工业的究竟，更深入地理解石油与我们生活的关系，促进石油科技知识的传播，中国石油学会科普教育委员会和石油工业出版社于2006年共同组织出版了石油科普系列丛书《走进石油》（第一版），丛书由傅诚德教授主编，石油行业内100多位知名专家参与编写，包括《石油地质》《石油地球物理勘探》《石油地球物理测井》《石油钻井》《石油开发》《石油开采》《石油储存与运输》《石油炼制与化工》《石油经济》《石油环境保护》10个分册。中国科学院与中国工程院两院院士、中国石油学会名誉理事长、原石油工业部副部长侯祥麟先生和中国科学院院士、中国石油学会第一届科普教育委员会主任田在艺先生多次指导并为丛书作序。《走进石油》（第一版）自2006年出版以来，受到社会各界读者的广泛好评，2009年作为主要书目入选由中宣部、中央文明办、新闻出版总署主办的"全民阅读"优秀项目——中国石油"千万图书送基层，百万员工品书香"活动。丛书重印5次，累计发行7.6万余套，合计76万余册，多年来一直是中国石油远程培训的重要教材之一。

《走进石油》（第一版）出版至今已有将近20年时间。近20年来，石油科技迅速发展，计算机、互联网、物联网技术在石油工业得到全面应用，石油勘探、石油开发、炼油化工等专业技术与大数据、人工智能、数字孪生等数字技术深度融合，碳纤维等高分子材料、复合材料更深入地向多领域延伸，氢能、太阳能、核能等新能源技术和"双碳三新"目标的提出正在加速推动石油工业的转型，石油科技正在全面突飞猛进，石油行业的新理论、新技术和新方法层出不穷，因此《走进石油》（第一版）已经难以满足当前石油科技知识普及的需求。为此，2020年傅诚德教授和高瑞祺教授提议对《走进石油》（第一版）进行修订，得到了中国石油科技管理部和石油工业出版社的大力支持和积极响应。

侯祥麟院士在《走进石油》（第一版）序中强调"科学的发展和技术的创新，只有被公众掌握，才能变成巨大的生产力，才能加快科技成果向现实生产力的转化"。为了更好达此目标，使《走进石油》（第二版）内容质量和展现形式更上一层楼，丛书编委会从一开始顶层设计就集思广益，聚贤汇智，由苏义脑、胡文瑞、黄维和、邹才能、徐春明、李宁六位院士和行业权威专家分别担任15个分册的主编，150多位技术专家参与编写，20余家石油石化企业、科研院所、行业学会（协会）鼎力支持。

《走进石油》（第二版）是一套理念先进、体系完整、知识丰富的科普巨制；以1200多个知识点，构成了系统完整的石油石化知识链，并依托丰富的表现形式，为读者拓宽了"走进石油"的路径。一是对知识体系进行合理扩展：将第一版的《石油炼制与化工》分册扩展为《石油炼制》和《石油化工》两个分册，增加《天然气》《海洋石油》《新能源》《智慧石油》4个分册，全景再现了石油工业全产业链的知识景观；二是对技术亮点进行有序重构：准确把脉石油行业主体学科专业新理论、新技术、新工艺、新成果以及发展趋势，突出读者关注度较高、应用效果显著的知识点，让每一分册都能够形成主次分明、重点突出的亮点结构；三是对新兴科技进行科学展望，呈现其广阔的发展前景。

为了使《走进石油》（第二版）在第一版的基础上增强文章的科普性、趣味性，丛书编委会对编写组织和图书表现手法等进行了独特的探索。在第二版中，由技术专家与科普作家深度参与协同创作，实现了内容科学性、通俗性、趣味性的统一；首次使用富媒体技术，实现了视觉空间展现与平面阅读方式的融合；首次面向全社会征集"油博士"卡通形象，让"油博士"引领读者走进石油，实现了各分册知识板块的有机结合；首次采用系列自创插图，使读者通过插图扫除文字理解障碍，引领阅读进入"读图时代"。

《走进石油》（第二版）的出版，不仅是向社会推出的一套传播石油知识的图书，更是一项提高全民科学素质的文化工程，其意义将随着时间的推移愈显重要。特别指出的是，为了这项文化工程的如期完工，编写队伍付出了巨大的努力。在三年多的创作时间里，适逢百年不遇的新冠肺炎疫情肆虐，编写组成员克服各种困难完成了撰写任务。

在本套丛书的编写出版中，中国石油科技管理部领导给予了重要指导和支持，中国科协、中国石油学会、中国化工学会、中国石油科协、中国石油大学(北京)、中国石油大学(华东)、长江大学、西南石油大学、东北石油大学、西安石油大学、中国石油勘探开发研究院、中国石油深圳新能源研究院、中国石油石油化工研究院、中国石油工程技术研究院、中国石油安全环保技术研究院、中国石油东方地球物理勘探有限责任公司、中国石油海洋工程有限公司、中国石油数字和信息化管理部、中国海油能源经济研究院、国家管网集团科学技术研究总院、昆仑数智科技有限责任公司等企业单位、科研院所、学会(协会)和高等院校提供了大力支持,在此表示由衷感谢!石油工业出版社对本套丛书的编写出版非常重视,专门配备了最强编辑力量配合作者和丛书编写组完成稿件编写和审核,向石油工业出版社提供的支持表示感谢!最后,向在本套丛书策划、编写、审稿和出版过程中提供创意、建议和意见的专家表示感谢,也向每一位不计得失、笔耕不辍的作者表示诚挚的谢意!

　　社会希望了解石油,石油工业的发展需要社会的支持。希望我们精心组织编写的石油科普系列丛书——《走进石油》(第二版)能为广大读者了解石油工业提供帮助,更能为我国石油工业的发展贡献一份力量!

分册前言

石油是工业的血液，是中国经济发展与腾飞的有力保障，石油产业的兴盛刺激了经济的繁荣发展，为我国国民经济做出了巨大贡献，石油已经成为现代化经济发展与进步不可或缺的能源资源。然而，随着石油行业的发展，产生了一些安全事故，也导致了一些环境问题的发生，影响了人们的生活环境与生存空间。面对这样的情形，石油行业是怎样做的呢？在资源开发利用的同时，是怎样确保环境不受污染、保护好自然生态环境的呢？本书将为您进行解答。

本书共分四篇，系统介绍了石油天然气工业的环境污染与治理、石油天然气工业的安全生产问题及日常生活中的油气安全环保。此外，还介绍了人类文明、社会进步和生态环境的关系。

本书由中国石油安全环保技术研究院有限公司闫伦江、朱圣珍、雍瑞生、李兴春、吴百春领衔编写。第一篇由谢水祥、张华等编写；第二篇由赵永涛、关国伟等编写；第三篇由任雯、张明栋等编写；第四篇由王毅霖、张坤峰等编写。

在本书编写过程中，中国石油科技管理部、中国石油质量健康安全环保部、中国石油油气和新能源分公司、中国石油西南油气田公司、中国石油长庆油田公司、中国石油大庆油田、中国石油浙江油田公司等单位给予了大力支持，摄图网提供了部分图片，在此表示感谢。感谢所有给予支持和帮助的同志们。

由于笔者都是长期从事安全环保技术研究的专业技术人员和管理人员，局限于科普创作水平，书中难免有很多不妥之处，敬请广大读者多提宝贵意见。

目录 Contents

一 石油天然气工业的环境污染与治理 / 001

　　石油被喻为"工业的血液",天然气被喻为"蓝色的黄金"。当我们从地下获取石油天然气资源并转变为燃料、工业材料、生活用品时,也会对自然生态和人类健康造成不良的影响,这种不良的影响主要是石油天然气工业的环境污染,而我们贯穿生产过程始终的一项重要工作就是污染治理。本篇将带大家认识油气资源开发与生产过程中会产生哪些污染,企业又是如何开展污染治理工作的。

1.1　油气能源与生态环境　/002
1.2　空气污染能控制　/005
1.3　雾霾和臭氧污染的产生　/008
1.4　控制VOCs　/009
1.5　石油工业排放的废气是啥样的?　/010
1.6　炼油厂里的恶臭气体也能变废为宝　/013
1.7　恶臭如何计量?　/014
1.8　石油工业中的温室气体　/016
1.9　二氧化碳可以"抓起来"和"藏起来"吗?　/017
1.10　如何从空气中捕集二氧化碳?　/019
1.11　烟气咸水层处理　/021
1.12　石油沥青铺成的柏油路有没有毒?　/023
1.13　炼油厂的废水能回用　/025

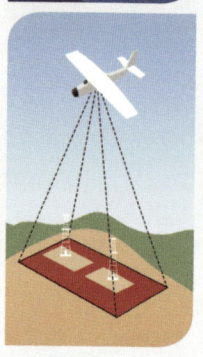

1.14 石油化工厂的废水又是怎样变清的？ /028
1.15 石油加工需要多少水才够用？ /030
1.16 怎样防止海洋石油污染？ /031
1.17 海上溢油如何监测？ /033
1.18 海上溢油事故一旦发生，该如何处理？ /035
1.19 石油工业产生哪些固体废物？ /037
1.20 含油污泥如何处理？ /038
1.21 石油污染土壤的来源、危害及修复方法 /041
1.22 如何防止落地油污染？ /042
1.23 谁把石油当美食？ /044
1.24 油气田地面建设如何兼顾生态环境保护？ /047
1.25 石油钻井工程与生态保护 /048
1.26 油气田压裂作业与环境保护 /050
1.27 复杂返排液的再利用 /051
1.28 石油开采的同时如何保护地下水？ /052
1.29 如何从油田污水中回收热能？ /054
1.30 如何防范石油工业中的放射性污染？ /056
1.31 油气工业也有紫外线污染吗？ /058
1.32 油气田环境污染监测包括哪些内容？ /059
1.33 油气田环境监测有新手段 /060
1.34 污染排放如何在线监测？ /062
1.35 石油工业的绿色化学技术 /063
1.36 什么是清洁生产？ /064
1.37 石油石化行业怎样推行清洁生产？ /066
1.38 什么是循环经济？ /068

1.39　什么是能源转型和"双碳"目标？　/069

1.40　甲烷对大气污染及气候变化的影响与控制　/072

二　石油天然气工业的安全生产问题　/075

石油天然气工业作为国家的重点支柱行业之一，在我国的国民经济中起着举足轻重的作用，多年来，为国家建设作出了重大贡献。但与此同时，石油天然气行业又是高危行业，安全生产不容忽视，一旦发生事故，不但使企业蒙受巨大的经济损失，还会给社会带来不安定因素。石油天然气企业十分重视安全生产的重要性，注重安全投入，强化管理手段，确立安全机制，保障企业正常稳定运行，为企业创造更大的经济效益和社会效益。本篇将对石油天然气工业如何安全生产，以及常见的安全生产问题进行介绍。

2.1　石油天然气工业与安全生产　/076

2.2　井喷是什么？　/078

2.3　如何防止井喷？　/079

2.4　油品装卸与运输中如何防护静电？　/081

2.5　跑、冒、滴、漏危害知多少？　/082

2.6　石油化工企业安全生产的根本途径　/085

2.7　石油化工企业的消防知识　/086

2.8　石油化工厂动火需有证　/088

2.9　石油化工厂设备检修守规章　/089

2.10　危险化学品是怎么爆炸的？　/090

2.11　油库防雷击有绝招　/092

2.12　油罐泄漏的防范　/095

2.13　什么是水击现象？　/095

2.14　什么是回火？　/097

2.15　给油气输送管道及罐车点颜色　/098

2.16　海上油轮安全防患于未然　/099

2.17　偷盗油气危害大　/100

2.18　地质灾害会诱发储油罐大火吗？　/101

2.19　历史上有哪些重大油气爆炸火灾事故？　/102

2.20　海上油井事故知多少？　/104

三　日常生活中的油气安全环保　/107

日常生活中，我们离不开油气及相关产品，如做饭需要使用天然气或液化石油气，开汽车需要汽油，使用农用机具需要柴油等，我们的生活与油气密切相关。本篇将走进日常生活，介绍大家身边与油气安全环保相关的小知识。

3.1　石油的危险特性　/108

3.2　怎样正确安全使用燃气灶？　/109

3.3　天然气系统漏气怎么办？　/110

3.4　为什么不能用塑料桶装汽油？　/112

3.5　灌装汽油时需要注意什么？　/112

3.6　家庭储存柴油应注意什么？　/113

3.7　加油站内为什么要禁止拨打手机？　/114

3.8　加油站是如何除油味的？　/115

3.9　液化石油气泄漏事故中堵漏人员
　　　为什么要穿防冻衣？　/117

3.10　液化石油气为什么不能过量灌装？　/118

3.11　硫化氢的毒害程度及其中毒救治方法　/119

3.12　油品标号越高越清洁吗？　/120

- 3.13 家里有哪些环保绿色石油产品？ /121
- 3.14 谨慎使用的石油产品有哪些？ /123
- 3.15 国ⅥA和国ⅥB /126
- 3.16 无铅汽油是无污染汽油吗？ /127
- 3.17 绿色环保汽车 /130

四 人类文明、社会进步和生态环境 /135

保护环境，确保人与自然的和谐，是经济能够得到进一步发展的前提，也是人类文明延续和社会进步的保证。经济的发展与生态环境是一种相互依存、相互制约的关系，如果人们在大规模的经济活动中，无节制地对自然资源大量开发和消耗，甚至乱采滥用，就会导致环境污染，生态破坏。本篇将介绍人与自然的相互影响及作用，探讨社会、经济、生态协调发展和可持续发展的有效途径。

- 4.1 世界古代文明的衰落与生态环境有关系吗？ /136
- 4.2 人类历史上有关环境保护的观点有哪些？ /138
- 4.3 近现代环境问题的发展 /139
- 4.4 战争加剧环境的恶化 /140
- 4.5 环境污染也会引起生物变异 /141
- 4.6 环保运动 /143
- 4.7 可持续发展的由来是什么？ /145
- 4.8 人类与生物多样性保护 /146
- 4.9 绿水青山就是金山银山 /152

参考文献 /154

一　石油天然气工业的环境污染与治理

石油被喻为"工业的血液",天然气被喻为"蓝色的黄金"。当我们从地下获取石油天然气资源并转变为燃料、工业材料、生活用品时,也会对自然生态和人类健康造成不良的影响,这种不良的影响主要是石油天然气工业的环境污染,而我们贯穿生产过程始终的一项重要工作就是污染治理。本篇将带大家认识油气资源开发与生产过程中会产生哪些污染,企业又是如何开展污染治理工作的。

1.1 油气能源与生态环境

能源对于人类的意义，如同空气和水一样，已经成为我们生活中必不可少的基本保障。能源按基本形态可分为一次能源和二次能源（图1.1）。其中，"一次能源"指直接从自然界获取的能量与资源，也就是天然能源；"二次能源"则是一次能源经过加工或者转换得到的能源。可想而知，一次能源的开发与利用对于人类生活和社会生产是何其重要。一次能源又分为可再生能源和非可再生能源，前者是能够重复获取的天然能源，包括太阳能、风能、潮汐能、地热能等；后者则用一点少一点，主要包括煤炭、石油、天然气等化石能源及核燃料等。据英国石油公司（bp）发布的《2020年世界能源统计报告》，2019年化石能源仍占全球一次能源消费的84%，其中石油占全部能源消耗的33%以上。

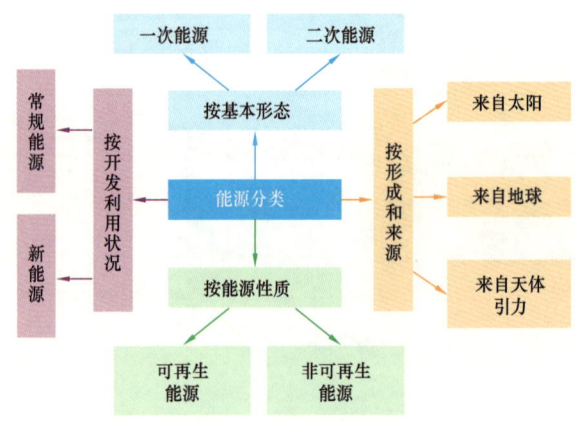

图1.1 能源分类

当人类在地球上消耗煤炭、石油等化石燃料时，通常会产生二氧化碳等温室气体和有毒物质，导致地球气候变暖、空气越来越污浊，严重影响生态和人类的可持续发展，这就是全世界正在节能减排、尽量减少化石能源消耗的根本原因。据统计，2020年我国煤炭、石油和天然气碳排放量占比分别为71.11%、14.93%和5.83%。应对气候变化，实现碳中和关乎人类未来的生存

一 石油天然气工业的环境污染与治理

发展，因此必须进行能源消费结构调整，减煤、控油、增气，大力发展新能源。2021年，国家发展改革委、国家能源局等九部门联合印发的《"十四五"可再生能源发展规划》(发改能源〔2021〕1445号)明确指出，2025年我国可再生能源消费总量将达10亿吨标准煤左右，在一次能源消费增量中占比超过50%。

低碳并不意味着直接摒弃化石能源，由于全球经济高度依赖化石能源，在未来很长的一段时期内石油天然气仍将占据重要的战略地位。近年来，油气行业在保障国家能源安全的同时，积极探索绿色低碳路径，大力发展绿色生产工艺，严格控制污染物排放和碳排放。对于产生的二氧化碳，通过捕集的方式，注入地下，既能帮助采油，又能减少排入大气层的量，减缓全球变暖（图1.2）。对于其他污水、污泥、废气等，设置了专门的收集系统，尽量实现资源化利用，不能利用的，配备成套的处理设施，确保不对生态环境造成危害。

图1.2 油气行业二氧化碳利用

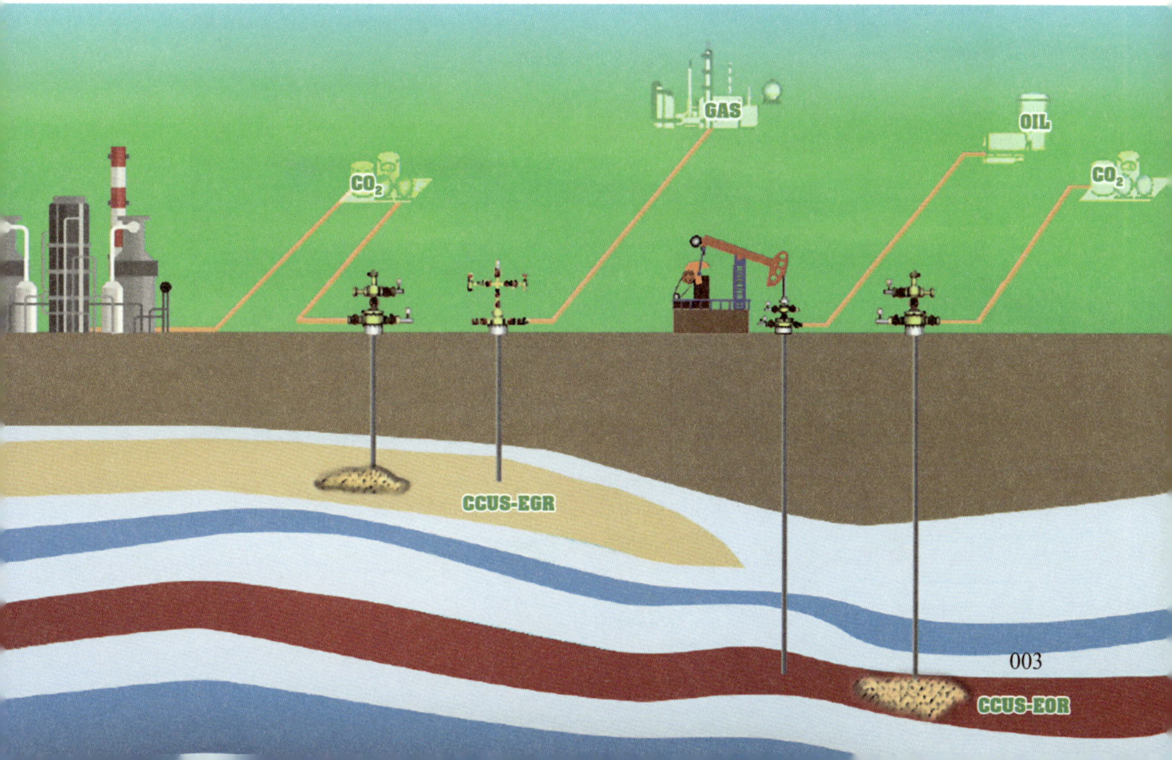

以前，或许人们眼中的油田在生产和污染治理方面都是粗放的，炼厂也在呼呼冒着浓烟。如今，油田附近可以看见成群的牛羊，炼厂上空也是蓝天白云（图1.3）。新时代的油气生产企业以生态环境保护为己任，尽显社会担当。

a. 排烟的炼厂

b. 绿色炼厂

图1.3 排烟的炼厂和绿色炼厂

1.2 空气污染能控制

空气污染严重危害着人类健康与生态系统,已成为大众重点关注的环境问题。其实,空气污染在自然界中一直存在,只不过由火山喷发、沙尘暴等自然事件引发的空气污染只占一小部分,世界上大部分空气污染是由人类生产活动带来的。不管是自然事件的空气污染还是人为的空气污染,都是污染物进入空气造成的。目前,已知的空气污染物有100多种,包括颗粒物、一氧化碳、二氧化硫、氮氧化物和碳氢化合物等。由于来源不同,空气中的污染物种类与含量也存在差异,要想彻底治理空气污染,就必须了解空气污染的来源。当然,自然事件引发的空气污染难以控制,但人为造成的空气污染却是可以控制的。

总体来说,人为的空气污染源可以分为四类:一是煤、石油、天然气等化石燃料燃烧造成的污染,除产生大量烟尘外,还会形成一氧化碳、二氧化硫、氮氧化物、碳氢化合物等物质;二是重工业生产过程中排放造成的污染,如水泥厂、钢厂、炼油厂、化工厂等,所排放污染物的性质与生产工艺密切相关;三是交通运输过程中排放造成的污染,如汽车、船舶、飞机等排放的尾气;四是农业活动中排放造成的污染,如施用农药、燃烧秸秆等。化石能源带来的空气污染问题不容忽视,其中,空气中大部分二氧化硫、几乎全部的烟尘和一半以上的悬浮颗粒物都来自煤炭的燃烧。在我国的能源消费结构中,煤炭所占比重很高,清洁的天然气能源占比相对较低,这也是我国局部区域大气污染严重、空气质量差的根本原因。

> **小贴士**
> 新能源利用率又称新能源利用效率或新能源有效利用率，是利用新能源的有效能耗与全部能耗的百分比值。它是衡量能量利用技术水平和经济性的一项综合性指标。

近年来，随着能源转型的推进，我国能源结构的不断优化对空气质量的改善起到了积极作用。2017—2020年，我国煤炭消费占一次能源消费的比重由60.4%下降至57%左右。油气能源结构也在发生转变，清洁能源占比不断提升，2017—2020年，我国天然气已经连续四年增产超过100亿立方米，增速均远高于当年原油产量增速。此外，新能源的开发和利用也有了很大进步，主要包括生物质能、水能、太阳能、风能、地热能和海洋能等，我国2020年的新能源利用率均达到96%以上。据生态环境部报告，我国2020年的重污染天数比2016年同期下降87%，能源结构的优化调整在空气污染控制方面发挥了重要作用。

油气开发与生产过程中排放的污染物并不是空气污染的主要来源，但油气行业仍针对可能的污染排放环节实施了严格的污染控制措施，尽量采用先进的技术将排入大气的污染物浓度降到最低甚至为零（图1.4）。未来，油气行业将持续加大清洁能源的比例，推广绿色生产工艺，打造"鸟语花香"的石油工业。

图1.4 控制污染物排放

小贴士

环境空气污染物项目浓度限值（摘自 GB 3095—2012《环境空气质量标准》）

污染物项目	平均时间	浓度限值 一级	浓度限值 二级	单位
二氧化硫（SO_2）	年平均	20	60	微克/米^3
	24 小时平均	50	150	
	1 小时平均	150	500	
二氧化碳（CO_2）	年平均	40	40	
	24 小时平均	80	80	
	1 小时平均	200	200	
一氧化碳（CO）	24 小时平均	4	4	毫克/米^3
	1 小时平均	10	10	
臭氧（O_3）	日最大 8 小时平均	100	160	
	1 小时平均	160	200	
颗粒物（粒径小于等于 10 微米）	年平均	40	70	
	24 小时平均	50	150	
颗粒物（粒径小于等于 2.5 微米）	年平均	15	35	
	24 小时平均	35	75	
总悬浮颗粒物（TSP）	年平均	80	200	微克/米^3
	24 小时平均	120	300	
氮氧化物（NO_x）	年平均	50	50	
	24 小时平均	100	100	
	1 小时平均	250	250	
铅（Pb）	年平均	0.5	0.5	
	季平均	1	1	
苯并[a]芘（B[a]P）	年平均	0.001	0.001	
	24 小时平均	0.0025	0.0025	

1.3 雾霾和臭氧污染的产生

空气污染包括很多形态,雾霾就是其中的一种(图1.5)。当雾霾天气出现时,也就表明大气当中的颗粒物浓度高了。产生雾霾的重要原因就是 $PM_{2.5}$,也就是直径不大于2.5微米的颗粒物,它还不到人体头发丝粗细的 1/20,又称为可入肺颗粒物。人们用 $PM_{2.5}$ 值表示每立方米空气中这种颗粒的含量,该值越高,就代表空气污染越严重。$PM_{2.5}$ 可进入人体的血液中,参与全身的循环,对人体健康产生非常严重的影响。研究人员发现,我国石化行业排放的挥发性有机化合物(VOCs),对区域环境 $PM_{2.5}$ 的贡献率可达到 20% 左右。大气当中还存在很多肉眼看不到的物质,如氮氧化物、二氧化硫、铵盐等,它们遇到 VOCs 会发生化学反应,生成人们能够看到的气溶胶,它是雾霾天气的"帮凶"。

图1.5 雾霾天气和无污染天气

再说说另一种污染——臭氧(O_3)。其实,低浓度的臭氧对健康是有一定好处的,雷阵雨之后空气里能闻到一股清新的气味,这便是臭氧。当臭氧平均浓度超过 160 微克/米^3 时,才会对人体产生影响,这样也就形成了臭氧污染。在一些出现污染的城市、工业区及乡村地区，大气中常会存在很多人们无法看到的VOCs及氮氧化物，它们在阳光照射下会发生光化学反应，臭氧就这样产生了。在阳光充足的温暖季节，近地面的臭氧浓度会在太阳升起后快速升高，如果VOCs及氮氧化物的量又很大，那么午后的臭氧浓度很可能会超出空气质量的标准限值。夏季的大气中常常含有较高浓度的VOCs及氮氧化物，这也使得臭氧成了影响夏季空气质量的首要污染物。

VOCs和氮氧化物不只是臭氧的前体物，还是$PM_{2.5}$的前体物。只有把VOCs和氮氧化物控制住，才可能减少臭氧和$PM_{2.5}$污染的形成。石油化学工业所排放的VOCs不容忽视，必须想办法控制，基本思路就是源头削减、过程控制和末端治理。

> **小贴士**
>
> VOCs（挥发性有机化合物），指常温下饱和蒸气压大于70.91帕、标准大气压101.3千帕下沸点在50～<260℃且初馏点（指油品在馏程测定时，第一滴冷凝液从冷凝器的末端落下瞬间所记录的温度）不大于250℃的有机化合物，或在常温常压下任何能挥发的有机固体或液体。VOCs按其化学结构，可以进一步分为烷烃类、芳香烃类、酯类、醛类和其他。目前，已鉴定出的有300多种。最常见的有苯、甲苯、二甲苯、苯乙烯、三氯乙烯、三氯甲烷、三氯乙烷、甲苯二异氰酸酯（TDI）、二异氰酸甲苯酯等。

1.4　控制VOCs

如何控制石油天然气工业的VOCs呢？有以下几种手段。

一是源头削减，方法是双管齐下。一方面，在管道、反应装置防腐处理时尽量使用不产生挥发性气体的涂料；另一方面，优先采用压力罐、低温罐、高效密封的浮顶罐作为储油罐，定期在可能的泄漏点进行检测与修复，及时控制VOCs的排放。

二是过程控制，工艺优化与设备改进是必不可少的。缩短工艺流程，提高原材料利用率，降低基础原料及中间产品成本，必要时还要淘汰老旧的生产设备。

三是末端治理。通常使用两种方法，一种是回收，在炼油厂、油库等油品集散地设置油气回收装置，进行油气回收，变废为宝；另一种是对难以利用的废气进行净化处理，把废气中的有害气体通过燃烧、吸收、吸附等方法处理干净（图1.6）。

图1.6 独山子石化乙烯厂工艺废气治理装置

1.5 石油工业排放的废气是啥样的？

石油工业开采、运输、炼制等过程中会产生一定量的废气。这些废气的来源有三种：一是燃料燃烧，如车辆和内燃机设备的尾气，加热炉和锅炉的烟气等；二是过程排放，如石油天然气开发、集输、储运、加工过程中，在井口挥发、放空或井喷泄漏的气体，石油天然气企业附属的机械厂和其他加工厂的气体废物（漆和涂料的挥发物等），炼油厂和石油化工厂生产装置产生的不凝气、释放气和反应的副产品气体，以及在废水与其他废物处理和运输中散发的恶臭和有害气体；三是泄漏和逸散，如输油管线、油罐泄漏的气体，污水、废料中的挥发废气。

过去，石油炼制装置废气排放量大、成分复杂、毒性强，排放的污染物质可波及几千米之外，给周边居民的健康生活带来了显著影响。尤其是一种叫作苯并芘的可诱发癌变的气体污染物，它会在原油炼制、燃料燃烧等过程中排放，很容易被大气中的飘尘吸附并通过呼吸进入人体，在肺泡和支气管壁上长期滞留。有统计表明，城市大气中苯并芘的浓度每增加0.1微克/100米^3，肺癌的死亡率将增加 5%。在城市的工业区，苯并芘的浓度通常处于较高水平。一般来说，焦化厂（图 1.7）是排放苯并芘最严重的地方，离焦炉作业区 500 米处的苯并芘浓度比一般工业城市高出 500~1000 倍，在半敞开的焦炉沥青加热炉附近 4 米处的苯并芘浓度高达 7800 微克 /100 米^3，而在林木茂密没有工业污染的清洁区，苯并芘的浓度仅为 0.24 微克 /100 米^3。

图 1.7　焦化厂废气排放

如今，石油石化企业在废气监测、收集、处理等方面配备了成套的系统设备，逐步解决了废气肆意排放造成的环境污染问题。根据《2020 年中国生态环境统计年报》，石油工业的硫化物、氮氧化物和颗粒物排放量并不显著，只有 VOCs 排放量较大。据统计，在 2020 年全国工业环节气体污染物排放总量中，石油石化行业排放的废气总量占比 15.4%，其中在各类气体污染物排放总量中 VOCs 占比 39.7%，硫化物占比 13.6%，氮氧化物占比 6.1%，粉尘占比 9.2%。

近年来，国内原油产量逐年提高，2021 年国内生产原油 19898 万吨，比 2020 年增长 2.4%，比 2019 年增长 4.0%。石油炼制行业的生产能力也迅速发展，已经实现千万吨级大炼油的历史跨越，截至 2020 年底，我国具有千万吨级炼油规模的企业超过 30 家，生产规模扩大了，但石油石化行业对

小贴士

室内空气质量指标及要求（摘自 GB/T 18883—2002《室内空气质量标准》）

序号	指标分类	指标	单位	要求	备注
1	物理性	温度	℃	22～28	夏季
				16～24	冬季
2		相对湿度	%	40～80	夏季
				30～60	冬季
3		风速	米/秒	≤0.3	夏季
				≤0.2	冬季
4		新风量	米^3/（时·人）	≥30	—
5	化学性	臭氧（O_3）	毫克/米^3	≤0.16	1小时平均
6		二氧化氮（NO_2）	毫克/米^3	≤0.20	1小时平均
7		二氧化硫（SO_2）	毫克/米^3	≤0.50	1小时平均
8		二氧化碳（CO_2）	%^{a}	≤0.10	1小时平均
9		一氧化碳（CO）	毫克/米^3	≤10	1小时平均
10		氨（NH_3）	毫克/米^3	≤0.20	1小时平均
11		甲醛（HCHO）	毫克/米^3	≤0.08	1小时平均
12		苯（C_6H_6）	毫克/米^3	≤0.03	1小时平均
13		甲苯（C_7H_8）	毫克/米^3	≤0.20	1小时平均
14		二甲苯（C_8H_{10}）	毫克/米^3	≤0.20	1小时平均
15		总挥发性有机化合物（TVOC）	毫克/米^3	≤0.60	8小时平均
16		三氯乙烯（C_2HCl_3）	毫克/米^3	≤0.006	8小时平均
17		四氯乙烯（C_2Cl_4）	毫克/米^3	≤0.12	8小时平均
18		苯并[a]芘（B[a]P）^{b}	毫克/米^3	≤1.0	24小时平均
19		可吸入颗粒物（PM_{10}）	毫克/米^3	≤0.10	24小时平均
20		细颗粒物（$PM_{2.5}$）	毫克/米^3	≤0.05	24小时平均
21	生物性	细菌总数	CFU/米^3	≤1500	—
22	放射性	氡（^{222}Rn）	贝可/米^3	≤300	年平均^c（参考水平^d）

a：体积分数。

b：指可吸入颗粒物中的苯并[a]芘。根据苯环的稠合位置不同，苯并芘分为苯并[a]芘（1,2-苯并芘）和苯并[e]芘（4,5-苯并芘）两种同分异构体。

c：至少采样3个月（包括冬季）。

d：表示室内可接受的最大年平均氡浓度，并非安全与危险的严格界限。当室内氡浓度超过该参考水平时，宜采取行动降低室内氡浓度。当室内氡浓度低于该参考水平时，也可以采取防护措施降低室内氡浓度，体现辐射防护最优化原则。

一 石油天然气工业的环境污染与治理

于废气治理的投入提升幅度更高，对废气的控制也更加严格。2021年，石油石化行业共建有废气治理设施41771套，占全国工业废气治理设施数量的11.2%；废气治理投入共计470亿元，占全国工业废气治理投入的10.3%。

1.6 炼油厂里的恶臭气体也能变废为宝

在国家标准中，恶臭被定义为一切刺激嗅觉器官引起人们不愉快感觉及损害生活环境的异味气体，主要来源于工农业生产部门，如石油化工生产过程产生的硫化物、烃类、醛类、酮类、苯类、酚类、胺类及焦油、沥青蒸气、氨和各种有机溶剂等。有的散发出腐败的臭鱼味，如胺类；有的味道刺鼻，如氨类和醛类；有的散发出臭鸡蛋味，如硫化氢。恶臭也是一种污染，每年我国收到的关于恶臭的扰民投诉仅次于噪声投诉，已经成为第二大环境污染事件。

炼油厂排出的恶臭气体，最大的元凶就是原油中的硫。硫有很多分身，在炼油过程中，会变成硫醇、硫醚、硫化氢等，具有强烈刺鼻的恶臭味。我国国产原油的含硫量大多不到1%，如大庆油田原油的含硫量在0.1%以下，是国际公认的低硫油；胜利油田的多数油气藏原油的含硫量也不高，仅有孤岛油田原油的含硫量略高。我国进口的中东原油含硫量较高，如科威特原油含硫量高达2.74%。从保护环境角度出发，要求石油产品中的含硫量越低越好，我国车用汽油国Ⅴ标准和国Ⅵ标准中要求含硫量低于10毫克/千克，因此在原油加工过程中要尽量将油品中的硫清除掉。油品含硫量符合环保要求了，但油品净化时硫变成了恶臭的硫化氢。

现在炼油厂是绝对不会让这些废气污染环境了。最基本也是最有效的做法是将废气收集起来，再通过高效的技术进行治理，待清除了恶臭、有害的物质后再排放。例如，硫化氢是酸性的，因此很容易利用碱性的化合物中和去除。最常用的碱是氢氧化钠，与硫化氢作用生成硫化钠，但是氢氧化钠无法再回收使用。因此，炼油厂通常使用学名叫乙醇胺的有机碱性化合物，乙醇胺在较低的温度和较高的压力下可吸收硫化氢，而当温度升高、压力降低时，它又会放出硫化氢，实现循环使用。经过处理后的炼油厂废气基本不含硫化氢，可通过高烟囱排入大气（图1.8）。

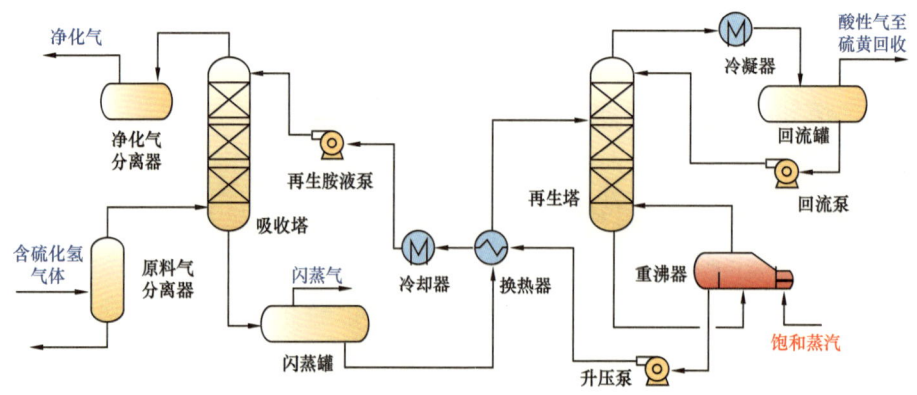

图1.8 含硫化氢气体处理工艺流程简图

当然，在恶臭气体处理过程中，还能实现变废为宝。用乙醇胺从炼油厂废气中不断吸收硫化氢，等到硫化氢达到很高的浓度时，就可以将硫化氢中的硫元素转变成硫黄，硫黄也能作为制造硫酸的原料。从硫化氢中提炼硫黄的方法是将硫化氢和不足量的空气同时通入燃烧炉生成二氧化硫，再和没有燃烧的硫化氢一起进入装有氧化铝催化剂的反应器，将呈氧化状态的二氧化硫和处于还原状态的硫化氢的体积比控制为2∶1，反应器中就会生成液态的硫黄，冷却后就是浅黄色的固体硫黄。

1.7 恶臭如何计量？

恶臭是一种令人非常不愉快的气味，那恶臭能不能计量呢？

目前，已经查明的恶臭物质有4000多种，这些污染物发出的气味千差万别，而人们的嗅觉器官对各种气味的敏感程度和厌恶程度也不相同。与其他污染物测定不同的是,目前还没有直接度量恶臭的物理量和单位,因此也没有专门测定恶臭程度的计量仪器,恶臭的计量在很大程度上是根据人的感觉(嗅觉)来判断的。通常,恶臭的检测包含以下内容:测定嗅阈值;划分臭味的等级;测定恶臭物质的浓度。

嗅阈值就是人能闻到臭味时恶臭污染物的最低浓度。正如"久入鲍鱼之肆不闻其臭,久入芝兰之室不闻其香"一样,不同的人对恶臭的敏感程度是不同的,因此嗅阈值的测定是由经过专门训练的人员来进行的(图1.9),通常是由6名(或以上)不抽烟的女青年在特别配制的空气中闻嗅含恶臭污染物的样品来确定的,以6人(或以上)闻到的恶臭物质的平均浓度(单位为百万分之一)为嗅阈值(图1.9)。根据测定,发出臭鸡蛋味的硫化氢(炼油厂、化肥厂的排放物)的嗅阈值是 0.0005×10^{-6},即每立方米空气中有万分之五毫升硫化氢时,就能闻到臭味;

图1.9 测定嗅阈值

石油精炼排放的甲硫醇(烂洋葱和烂洋白菜味)的嗅阈值是 0.0001×10^{-6};用于消毒的甲醛(刺鼻的干草味)的嗅阈值是 1×10^{-6}。

恶臭分6个等级:0级——无味;1级——有经验的敏感人员能感觉到臭味;2级——一般人都能感觉到轻微的臭味;3级——有明显的臭味;4级——有较强的臭味;5级——臭味难以忍受。臭味强度超过2.5~3.5级,就属于空气受到恶臭污染,需采取防治措施。

恶臭监测的另一个环节就是测定空气中恶臭物质的浓度,并规定排放的标准,即恶臭污染物排放到空气中后,其浓度应该低于恶臭等级中2.5~3.5级的对应浓度。实际上恶臭是一种很难消除的污染,因为空气中恶臭污染物的浓度降低了90%,人们所感受到的恶臭等级才降低1级。要将有恶臭污染的空气恢复到恶臭的嗅阈值以下,则需要清除掉99.999%的恶臭污染物。

想要基本清除掉恶臭污染物，也不是没有办法。目前，科学家们已经研制出能够有效吸附并且分解恶臭分子的除臭剂，这种除臭剂是从天然植物中提取出来的，不会对环境造成二次污染，是绿色的环保药剂。当然，对恶臭的治理还是应该遵循"源头削减、过程控制、末端治理"的思路，并且以预防为主，尽量减少恶臭气体的产生，并采用合理、有效的处理措施，将恶臭排放降低到较低水平。

1.8　石油工业中的温室气体

温室气体指大气中能吸收地面反射的太阳辐射，并重新发射红外辐射的一些气体。这些气体把地球本该逸散的热量又反射回来，就像给地球盖上一层被子，产生温室效应，使地球气候变暖。蒸汽（H_2O）、二氧化碳（CO_2）、氧化亚氮（N_2O）、氟里昂、甲烷（CH_4）等都是地球大气中主要的温室气体。一般认为二氧化碳的温室效应最强，是全球气候变暖的罪魁祸首。有些人认为温室气体一直存在，全球变暖是一个自然过程。但很显然，近年来大气中的温室气体浓度急剧增加，根据国际能源署（IEA）报告，2021年全球温室气体排放总量约408亿吨二氧化碳当量，其中能源燃烧和工业过程产生的二氧化碳排放量占温室气体排放总量的89%。据统计，煤炭、石油、天然气燃烧所产生的二氧化碳排放量分别为153亿吨、107亿吨和75亿吨，占全球能源燃烧和工业过程二氧化碳排放量的比重分别为42.1%、29.5%和20.7%。美国的非政府组织气候责任研究所（Climate Accountability Institute）研究表明，全球20家顶级化石燃料公司贡献了全球所有与能源有关的二氧化碳和甲烷排放量的35%。

过量的温室气体排放会导致全球气候异常，引起一系列严重的环境问题，如海平面上升、降水分布异常、洪水干旱频发等（图1.10）。因此，控制温室气体排放已成为全人类面临的一个重要环境问题。

温室效应　　　　气候变化　　　　海平面上升

图1.10　温室气体排放引发问题

为了应对全球气候变暖问题，世界各大石油公司达成了绿色低碳发展的共识，明确了温室气体减排目标，大力推动以二氧化碳为主的温室气体减排。例如，英国石油公司（bp）提出到2050年，企业和上游生产（油气田勘探开发与生产）将实现净零温室气体排放，也就是温室气体排放量与温室气体清除量达到平衡。中国各大石油公司也积极部署开展温室气体减排行动，确保国家实现碳达峰碳中和目标。

减排降碳对石油工业来说，是挑战也是机遇，一方面需要投入资金和力量引进或研发减排降碳技术及装备，一方面也可以促进石油工业的转型升级和产业结构的调整。一般可以从源头、生产过程和产品使用各环节制订温室气体控制方案，强化控制措施。例如，在油气生产环节，减少有害气体排放，熄灭非应急状态的火炬；推进能源节约，提高能源利用效率，优化装置运行条件，淘汰落后的工艺和技术，优先使用节能产品，降低二氧化碳排放强度；对温室气体实现回收处理和资源化利用，如将二氧化碳捕集后封存于地下或者注入油藏进行驱油，增加油气产量，还可以利用二氧化碳制取尿素原料等。

1.9　二氧化碳可以"抓起来"和"藏起来"吗？

虽然使用太阳能、风能等新能源可以减少CO_2的排放，但目前新能源还没有普及，通过新能源改善环境的目标短期内难以实现。于是，科学家就想到了把排放至空气中的 CO_2 "抓起来"和"藏起来"，减少空气中的 CO_2 含量，这样的技术被称为 CO_2 的捕获和封存（Carbon Capture and Storage，CCS）。由于 CO_2 具有独特的理化性质，其具备地质、化学、生物等多种利用潜力，于是便向原有的 CCS 中引入了"利用（Utilization，U）"。

碳捕集利用与封存技术（Carbon Capture, Utilization and Storage, CCUS）指将 CO_2 从工业过程、能源利用或大气中分离出来，直接加以利用或注入地层以实现 CO_2 永久减排的一系列技术的总和。CCUS 技术起源于 20 世纪 70 年代对于 CO_2 的驱油利用，现已进入商业化初期快速增长阶段。CCUS 目前在全球 25 个国家均有部署，美国和欧盟处于领先地位。

CCUS 的过程可分为 CO_2 捕集与压缩、CO_2 运输、CO_2 利用和 CO_2 封存四个环节。按不同环节的组合关系，CCUS 产业模式可以分为多种，包括 CS（碳捕集与封存）、CU（碳捕集与利用）、CUS（碳捕集、封存与利用）、CTS（碳捕集、运输与封存）、CTUS（碳捕集、运输、封存与利用）。根据减排效应的不同，可将 CCUS 分为减排技术（传统 CCUS 技术）和负碳技术 [生物质能碳捕集与封存（Bioenergy with Carbon Capture and Storage，BECCS）和直接空气碳捕集与封存（Direct Air Carbon Capture and Storage，DACCS）]（图 1.11）。其中，尽管传统 CCUS 技术可以减少化石燃料燃烧等过程中的 CO_2 排放，但从全生命周期的角度来看，排放量依旧是大于零的，而后者负碳技术则指完全从大气中去除 CO_2 的过程，从全生命周期的角度来看排放量为负，因此它对于碳中和（净零排放）具有重要意义。

具体来说，BECCS 指 CO_2 经由植被（生物质的一种）的光合作用从大气中提取出来后，通过燃烧生物质进行发电并从燃烧产物中对其进行回收，最后将其封存于地下。简单来说，BECCS 即配备 CCUS 技术的生物质发电站，通过改变 CO_2 来源（碳源）的能源类型使得发电厂不仅不会排放 CO_2，还能够从空气中吸收 CO_2 封存于地下；而 DACCS 则指直接从空气中捕获 CO_2 并封存，由于其碳源最为普遍，因此相比传统 CCUS 和 BECCS，DACCS 工厂位置的设置更为灵活。

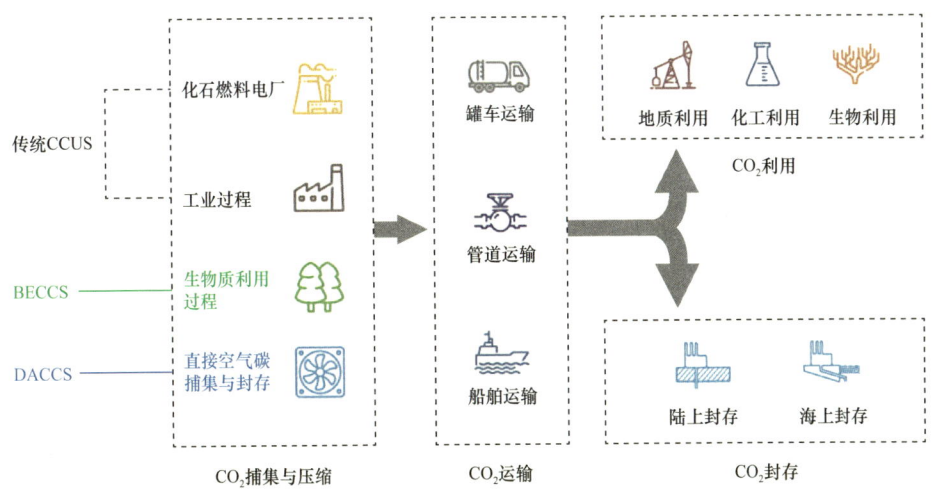

图 1.11 CCUS 技术定义

CCUS 作为碳减排技术之一，主要优点是减排潜力大、可促进煤等化石能源的清洁利用，较符合我国国情。从行业上看，CCUS 可应用于电力、能源（如天然气开采、制氢）以及减排难度较大的制造业（如水泥、化工、钢铁）等行业的减排，且针对无法通过传统 CCUS 技术减排的交通运输业、建筑业等，也可选择采用 BECCS、DACCS 等负碳技术进行减排。当前，在全球范围内 70% 的 CCUS 的碳源主要来自天然气加工（通常开采出的天然气中含有一定成分的 CO_2，需要去除后得到净化的天然气以供出售）。

1.10 如何从空气中捕集二氧化碳？

石油、化工和电力产业会产生大量的 CO_2，除此之外，传统交通工具使用汽油、柴油等化石燃料，也会排放 CO_2。过去几年，CCS 技术主要应用在工业方面。例如，大部分发电厂还是传统的燃煤电站，燃烧煤炭产生 CO_2，在 CO_2 排放到空气之前，用一些设备捕获 CO_2。然而，建设 CO_2 捕获设备需要大量的空间和资金，改进现存的发电厂也非常麻烦。同时，汽车尾气问题也很严重，给每辆汽车的排气口都装上 CCS 设备是不可能实现的。此外，在排放源头捕获 CO_2 只是减少了工业 CO_2 的排放量，不能减少大气中已经存在的过量的 CO_2。因此，工程师们设计了能直接从空气中抽取 CO_2 的设备，这种设备可以放在任何地方，不需要靠近排放源头，这样可以直接减少空气中的 CO_2 含量。

树木是自然的 CO_2 调节系统，它们可以吸收 CO_2，释放 O_2，每平方千米森林每周可以吸收 500 吨 CO_2。但是，当植物死亡、腐烂以后，又会释放出 CO_2。因此，利用树木来减少大气中的 CO_2 并非是一劳永逸的事情。为此，科学家发明了从空气中捕获 CO_2 的设备（Direct Air Capture，DAC），用 DAC 捕获的 CO_2 可以被永久地封存在地下和海洋底部，不用担心 CO_2 会在几百年后回到空气中。

与传统的减排技术相比，DAC 技术专注于从空气中提取 CO_2，而不依赖于特定的点源排放。DAC 技术流程如图 1.12 所示，空气中 CO_2 通过吸附剂进行捕集，完成捕集后的吸附剂通过改变热量、压力或湿度进行再生，再生后的吸附剂再次用于 CO_2 捕集，而纯的 CO_2 则被储存起来。

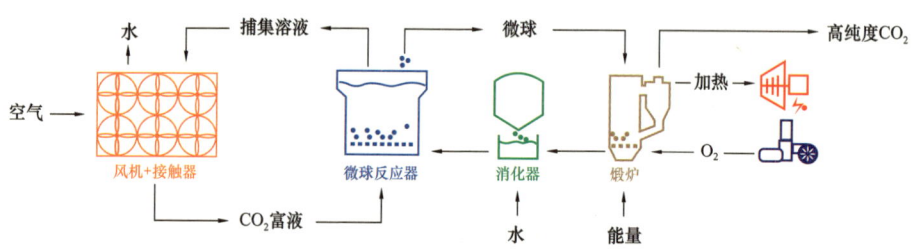

图 1.12　DAC 技术流程示意图

在 DAC 系统中，巨大的风扇将空气吸入，引到机器的中心。当前，液体 DAC 技术和固体 DAC 技术正在被用于从空气中捕获 CO_2。液体 DAC 技术将空气通过化学溶液（如含 OH^- 的溶液），从而去除 CO_2。该系统通过高温加热将化学物质重新整合到生产过程中,同时将剩余的空气返回到环境中(图 1.13)。固体 DAC 技术利用固体吸附剂过滤器与 CO_2 化学结合。当这些过滤器被加热并置于真空下时,它们就会释放出浓缩的 CO_2,然后这些 CO_2 就会被捕获以供储存或使用。

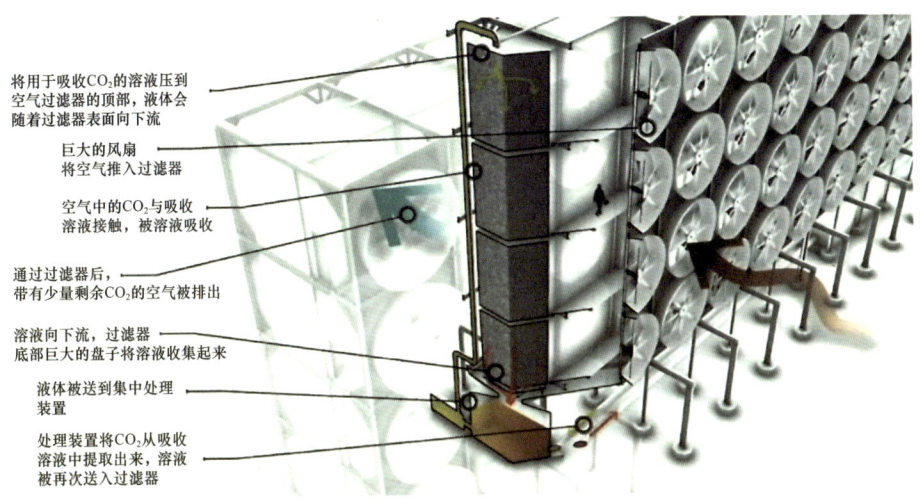

图 1.13　液体 DAC 技术捕集空气中 CO_2 示意图

DAC 技术是为数不多的从大气中直接去除 CO_2 的技术选项之一。目前,DAC 技术仍处于发展阶段,还面临着挑战,如高成本、能源消耗以及大规模应用的可行性。随着科学技术的进步和投资的增加,DAC 技术有望成为减缓气候变化和降低空气中 CO_2 浓度的一种补充手段。

1.11　烟气咸水层处理

烟气是由燃烧或热解作用而产生的(图 1.14),散发于空气中能被人们看到的燃烧产物叫烟雾,实际上烟雾是由浮游在空气中的微小固体颗粒、微小液滴及气体和蒸气组成,颗粒的大小在 0.01~10 微米之间。

图1.14 化学物质燃烧后的烟气排放

烟气对人体的危害主要体现在燃烧产生的有毒气体所引起的窒息和对人体器官的刺激以及高温作用等方面。烟气中含有大量有毒的气体，如CO、CO_2、H_2S、NO_x等（图1.15）。空气中的CO_2含量达到7%~10%时，数分钟就会使人失去知觉，以致死亡；空气中CO的含量达到1%时，经过1~2分钟就可致人中毒死亡。若烟气中的含氧量低于人们生理正常所需要的数值，含氧量降低到15%时，人的肌肉活动能力下降；含氧量为10%~14%时，人会四肢无力，分辨不清方向；含氧量降到6%~10%时，人会晕倒；含氧量低于6%时，人短时间会死亡。烟气中的悬浮微粒也是有害的，悬浮颗粒中粒径较小的飘尘由于气体扩散作用，能进入人体肺部黏附并聚集在肺泡壁上，可随血液送至全身，引起呼吸道疾病。H_2S是一种刺激性无色有害气体，可透过血脑屏障直接对脑细胞产生损伤，引起细胞内缺氧，低浓度时可对黏膜产生强刺激作用，引起流眼泪、流鼻涕、恶心等，或伴有头晕、

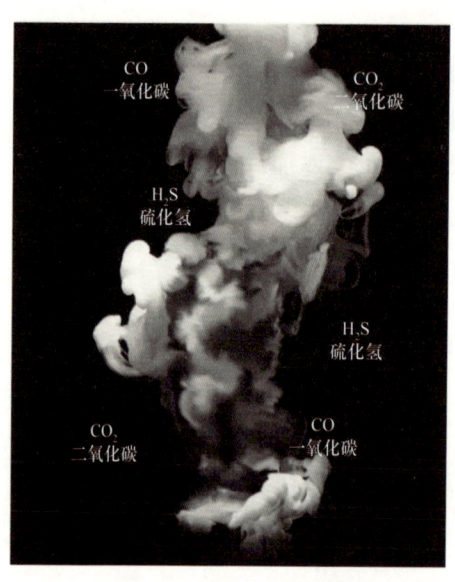

图1.15 烟气的组成示意图

头痛、乏力等症状；高浓度时会引起呼吸中枢麻痹、昏迷甚至死亡等严重危害。NO_2 对肺刺激性强，能引起即刻死亡以及滞后性伤害。

我国 2021 年烟气排放量约 87 亿吨，治理投入近 150 亿元。在积极稳妥推进碳达峰碳中和与持续深入打好污染防治攻坚战背景下，烟气治理重点是 CO_2 减排与 NO_x、SO_2 等常规污染物及重金属等非常规污染物协同高效治理，处理难度大。烟气治理是国家推进 CO_2 深度减排与大气污染物超低排放的关键着力点，随着排放标准日趋严格、治理深度与广度逐渐提升，对治理模式转变和技术创新提出了新的更高要求。当前烟气中的 CO_2 主要通过溶剂吸收以及吸附法进行捕集，经过纯化后，用于驱油封存或者在咸水层中进行封存。烟气中硫化物普遍通过催化还原耦合湿法进行脱除。国际上正在探索脱硝脱硫一体化、碳捕集耦合原位转化等技术。

咸水层是碳/污消纳的"生力军"。把烟气注入地层后，烟气中的 CO_2、SO_x、NO_x 等多种污染物组分能够同时与地层水及岩石矿物发生一系列的理化反应，从而达到去除污染物的目标。综合考量咸水层消纳 CO_2、SO_x、NO_x 等污染物的潜力，将烟气直接注入咸水层，实现 CO_2 地质封存协同污染物消除，有望成为颠覆性的烟气治理和咸水层利用新方法。

> **小贴士**
>
> 咸水层一般指一定深度下（至少 800 米）含有一定盐度（NaCl 质量浓度为 32×10^{-3} 毫克/升）的水充填的具有较高孔渗特性的岩层，这些充填的咸水不适合工业和农业利用，更不适用于人类饮用，但咸水层较高的孔渗性适合用于封存温室气体 CO_2。

1.12 石油沥青铺成的柏油路有没有毒？

在城市里，大家常走的马路是水泥路，因为修建水泥路的成本要比柏油路（又称沥青路）低。但是要讲开车，还是在柏油路上开着感觉舒服，这要归功于柏油路面上铺的沥青，很有弹性（图 1.16）。

图 1.16 铺设柏油路

沥青是一种呈黏稠液体或半固体的有机混合物，一般为黑色或黑褐色，它既存在于天然油砂和稠油，也可以通过精制石油、煤焦油、页岩油等油类得到。根据来源的不同，沥青主要可分为天然沥青、石油沥青和煤沥青。人类使用石油沥青铺路的历史可以追溯到三四千年以前的古巴比伦（今伊拉克）。

沥青在常温下流动性很差，因而在使用过程中往往需要加热以降低其黏度。在沥青加热过程中产生的沥青烟，是沥青中轻质挥发物、热分解挥发物的混合物。吸入沥青烟后也会造成人体不适，严重时会引起中毒，出现皮炎、眼部炎症、胸闷、头疼等症状，未做保护的长期接触，可造成细胞遗传物质损伤，可能会诱发皮肤癌、肺癌等病症。这些危害主要源自沥青含有的化学物质，其中的芳香烃类物质容易造成人体肝、肾及神经系统损害，尤其是苯并芘还具有高致癌性。不同来源的沥青，其多环芳香烃含量差别较大，如石油沥青中苯并芘含量很低，但煤沥青中苯并芘含量可高达 10000 毫克/千克。

道路施工多采用石油沥青。石油沥青是原油精制后的残渣。根据提炼程度的不同，在常温下呈液体、半固体或固体。由于它在生产过程中曾经蒸馏至 400℃以上，因而所含挥发成分很少。道路沥青的施工温度为 150～170℃，

> **小贴士**
>
> 芳香烃类物质，分子中含有单个或多个苯环。历史上指的是一类从植物胶里取得的具有芳香气味的物质，但目前已知的大多数芳香烃类物质是没有香味的。沥青烟中可检测到数千种物质，对人体有害的主要有吖啶类、酚类、吡啶类、蒽萘类和苯并芘类等芳香烃类物质。

远远没有达到所含挥发成分的挥发点。但沥青路面施工成型过程中高温还是会造成散发出少量刺激性沥青烟，对近距离施工作业人员产生危害。在沥青烟环境中的作业人员，应做好个人防护，尽量减少接触时间（图1.17）。

图1.17 沥青施工人员应做好防护

1.13 炼油厂的废水能回用

炼油厂是以石油为原料生产汽油、煤油、柴油等燃料及部分化工产品的工厂。石油炼制生产流程长、装置多，用水量大，产生的废水量也大，主要包括含油废水、含硫废水、含盐废水等生产工艺排水，以及循环排污水、生活污水等。

由于原油的品质和加工工艺不同，炼油厂废水的性质与水量也存在很大差异。国外炼油企业加工 1 吨原油用水量一般在 0.5 吨以下，排水量小于 0.2 吨，有的已达到零排放。我国炼油厂也在积极提升废水循环利用率，目前加工 1 吨原油排水量平均为 0.5 吨，依然还有很大提升潜力。

电脱盐工艺视频

炼油厂废水组成复杂，有机物种类多，一般用石油类和化学需氧量作为综合衡量其污染负荷的指标。废水中许多分子量大小不同的烃类化合物都被归为石油类污染，化学需氧量（COD 或 COD_{Cr}）则通常反映废水中所有的有机物污染。典型炼油厂废水中石油类含量为 150~1000 毫克/升，COD 为 1000~5000 毫克/升，部分生产废水 COD 高达数万毫克每升，必须经过处理后才能排放或者回用。

废水处理首先就是隔油。炼油厂的废水里都混有一些污油，由于油轻于水，会不断浮升到水面形成油膜，隔油池（图 1.18）可刮去油膜。经过隔油池后，废水里所含油明显减少，但是还存在一些细小的、悬浮在水里不会自动浮到水面的小油珠。炼油厂废水处理的第二个环节是要用凝聚和气浮的方法除掉这些小油珠。人类早就知道使用明矾可以净化水质，其实质也是利用明矾在水中的凝聚作用。炼油厂处理废水则用的是高效的凝聚药剂。气浮法就是使凝聚的油珠等杂质黏附在不断上浮的小空气泡的周围，并升到水面形成浮渣，这些浮渣很容易被刮掉。最后，对废水中还存在的被溶解的杂质，

图 1.18　隔油池（茂名石化提供）

可用生物处理方法，就是利用自然界存在的各种微生物（如细菌）来分解，细菌还可以把一些杂质转化为不溶于水的、可以分离的物质。

当处理石油类、COD或者硫化物、氨氮含量比较高的废水时，通常在进入隔油池前，会增加一个预处理环节，通过物理分离、化学降解等方法减少废水中这些污染物的含量。

> **小贴士**
>
> COD（化学需氧量），全称为Chemical Oxidation Demand，指在一定严格的条件下，水中的还原性物质在外加的强氧化剂的作用下，被氧化分解时所消耗氧化剂的数量，以氧的质量浓度（单位为毫克/升）表示。化学需氧量反映了水受还原性物质污染的程度，因此通常将COD作为水中有机污染物相对含量的一项综合性指标。

炼油厂废水处理干净后全部排放也是一种浪费。现在，大部分废水经过深度处理后成为更为洁净的水，可以与新鲜水一样回用到生产上，这样炼油厂从自然界采用的水资源量就大幅度减少了。超滤膜和反渗透膜过滤是炼油厂废水的主要深度处理方式，这与家用的自来水净化处理方式类似，处理后的水就可以重复利用。剩下的部分水达到再生水标准后才能外排（表1.1）。有的炼油厂比较先进，所有废水均能重复利用，回用率可达100%，零外排。

表1.1 石油炼制工业水污染物排放限值
（摘自 GB 31570—2015《石油炼制工业污染物排放标准》）

单位：毫克/升（pH值除外）

污染物项目	限值		污染物排放监控位置
	直接排放	间接排放①	
pH值	6~9	—	
悬浮物	70	—	
化学需氧量	60	—	
五日生化需氧量	20	—	
氨氮	8.0	—	
总氮	40	—	企业废水总排放口
总磷	1.0	—	
总有机碳	20	—	
石油类	5.0	20	
硫化物	1.0	1.0	
挥发酚	0.5	0.5	

续表

污染物项目	限值		污染物排放监控位置
	直接排放	间接排放[①]	
总钒	1.0	1.0	企业废水总排放口
苯	0.1	0.2	
甲苯	0.1	0.2	
邻二甲苯	0.4	0.6	
间二甲苯	0.4	0.6	
对二甲苯	0.4	0.6	
乙苯	0.4	0.6	
总氰化物	0.5	0.5	
苯并[a]芘	0.00003		车间或生产设施废水排放口
总铅	1.0		
总砷	0.5		
总镍	1.0		
总汞	0.05		
烷基汞	不得检出		
加工单位原（料）油基准排水量（米³/吨原油）	0.5		排水量计量位置与污染物排放监控位置相同

[①] 废水进入城镇污水处理厂或经由城镇污水管线排放时，应达到直接排放限值；废水进入园区（包括各类工业园区、开发区、工业聚集地等）污水处理厂执行间接排放限值，本规定限值的污染物项目由企业与园区污水处理厂根据其污水处理能力商定相关标准，并报当地环境保护主管部门备案。

1.14 石油化工厂的废水又是怎样变清的？

石油化工厂以石油或天然气作为主要原料，通过一系列的化工过程得到烯烃类和芳香烃类产品。烯烃类产品包括：乙烯及其下游产物，如聚乙烯、乙醇、环氧乙烷；丙烯及其下游产物，如异丙醇、丙烯腈；丁烯及其他高级烯烃。芳香烃类产品包括：苯及其下游产物，如苯酚、丙酮、环己烷；甲苯及其下游产物，如甲苯二异氰酸酯、苯甲酸、氯化苄、二甲苯等。这些产品在加工生产过程中会产生大量废水，具有污染物组成复杂、浓度高、难降解、水量波动大等特点，主要污染物包括硫、酚、苯、氰化物、铬、多环芳香烃化合物、芳香胺类化合物、杂环化合物等。烃类大多能被微生物降解，而无机成分硫化氢、微量的重金属、毒性强的有机物等对环境的危害高，必须经过严格的工艺处理，以降低对环境的影响。

总体来说，污水处理方法可分为物理法、化学法和生物法三大类。常用的物理法包括隔油法、气浮法、吸附法、溶剂萃取法、膜分离法等；常用的化学法包括化学沉淀法、絮凝法、氧化法等；生物法按照微生物类型分为好氧生物处理法和厌氧生物处理法。石化废水通常需要经过多种技术构成的组合工序处理，才能达到国家规定的标准外排或进一步循环回用。依照国家标准 GB 50747—2012《石油化工污水处理设计规范》，传统的石化废水处理工艺是"老三套"（隔油、浮选、生化）。当然，石化废水产生的环节不同，性质可能存在较大差异，对同样处理工艺的适应性就会不同。例如，高浓度不易生物降解的污水在传统"老三套"工艺中得不到有效的处理，一些有毒性的物质、高温污水、酸性碱性污水等还会破坏生化系统，降低微生物的处理能力，影响处理效果。

因此，石油化工污水处理需要根据不同废水的来源和性质，适当地增加预处理（图1.19）或后处理工艺，必要时还应对其中的特殊物质进行回收再利用。例如，聚乙烯装置使用含铬催化剂，往往导致排放的污水中含毒性强的六价铬，需采用还原和沉淀方法将六价铬还原为毒性较低的三价铬，再使

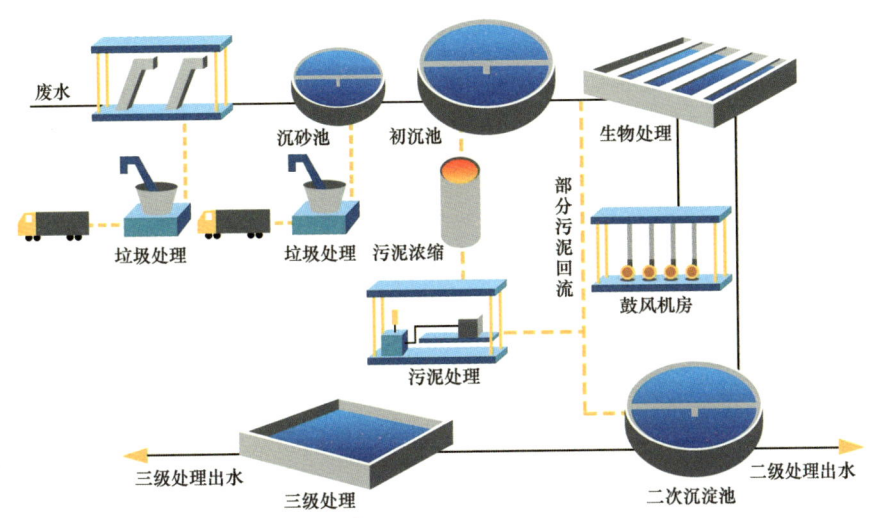

图1.19　石化废水处理中的预处理工艺

用氢氧化钠与其反应形成氢氧化铬沉淀去除；环氧丙烷装置碱洗塔排放的碱渣污水对生化系统中的微生物有抑制作用，通常采用焚烧法进行处理；丁二烯抽提装置使用多种溶剂，产生的污水中含有一定量的残余溶剂，这些溶剂是可利用的资源，可以通过一些物理化学方法进行回收；苯酚丙酮工段污水中含有苯酚，用硫酸调节 pH 值到 5~6 后，再用有机溶剂进行萃取，处理后的污水中仍含有少量苯酚，需要中和与生物处理后再进入污水处理厂。

1.15 石油加工需要多少水才够用？

石油加工企业用水系统主要包括工业给水系统（新鲜水系统）、循环冷却水系统、消防给水系统、生活给水系统、退水系统和除盐水系统。按用水所属生产过程，可分为主要生产用水、辅助生产用水和附属生产用水；按用水在工业生产中所发挥的不同作用，可分为冷却用水、热力用水、工艺用水和生活用水。

企业的用水情况是通过水平衡测试进行评价的。水平衡指一个用水体系中水量输入、输出和损失之间的平衡关系。水平衡测试方法包括一次平衡法和逐级平衡法。一次平衡法是在同一时段内将该用水系统所有的供水、复用水、排水、耗水等情况同时进行测试；逐级平衡法是在企业稳定生产时，自下而上地逐级进行各用水单元测试，即先进行设备水平衡，然后进行车间级水平衡，最后是整个企业的水平衡。水平衡测试可以帮助用水单位找出水量平衡关系，判断用水的合理程度，为企业节约用水、科学管水提供有力依据。

石化企业的产品中几乎不含水，用水主要以排污形式损耗掉。一直以来，石化行业既是用水大户，又是排水大户。由于原料性质、炼油工艺、加工强度、产品质量和分布的差异，不同地区、不同炼厂、不同时期的用水消耗相差很大。为了节约水资源，2020 年我国开始执行《工业用水定额：石油炼制》，规定石油炼制行业用水定额的领跑值、先进值和通用值分别为 0.31 米^3/吨、0.41 米^3/吨和 0.56 米^3/吨。

一　石油天然气工业的环境污染与治理

要实现水资源的合理利用，节水和减排必须两手抓。提高水的梯级利用和循环利用率、回用率，是企业减少用水量的重要途径。欧洲一项针对58家炼厂的调研显示，多数企业加工进料用水为 0.2～25 米³/吨，其中工艺用水、锅炉用水、冷却水用水的平均值分别为 0.22 米³/吨、0.33 米³/吨、7.69 米³/吨。一般地，冷却水在石化企业用水中占企业总用水量的 80%～90%、取水量的 20%～30%。可见，节约冷却水是企业节水的关键，而循环用水则是节约冷却水的最有效措施，促进和推动循环冷却水的有效利用，将大大减少企业的用水量。此外，为了进一步减少水资源消耗，减少环境影响，零排放技术也是环境保护领域备受关注的一个焦点。

> **小贴士**
>
> 零排放在广义上描述的是一种不向外部环境排放任何废物或污染物的理想状态。水处理领域所说的零排放，通常是对零液体排放（Zero Liquid Discharge，ZLD）的简称，指的是某一主体达到不向外部环境排放废水的状态。实现零排放有两个途径：一是通过源头废水减量和内部废水消纳来实现；二是通过对末端废水进行零排放处理来实现。当然，也可以是二者的结合。

1.16 怎样防止海洋石油污染？

图 1.20　海洋石油污染场景

石油在开采、炼制、储运和使用过程中进入海洋环境而造成的污染，就是海洋石油污染（图 1.20）。石油污染物入海的途径可谓多种多样，主要包括：炼油厂含油废水经河流或直接注入海洋；海上钻井和生产作业排放或泄

031

漏；船舶漏油、排放或发生事故；海底自然渗漏等。据统计，每年通过各种渠道进入海洋的石油和石油产品，约占全世界石油总产量的0.5%，其中由人类活动而引入海洋的石油量为1.2亿升，而由海底自然渗漏入海洋的石油量高达7亿升，是前者的近6倍。

海洋石油污染的危害涉及面颇广，对人类生产生活，鸟类、海洋动物和植物生物多样性及海洋环境都有极大危害（图1.21）。受洋流和海浪的影响，海洋中的石油极易在岸边富集，使海滩受到污染，破坏旅游资源。海洋石油污染还会改变某些经济鱼类的洄游路线，沾污渔网、养殖器材和渔获物等。此外，石油在海面形成的油膜会阻碍大气与海水之间的气体交换，影响海面对电磁辐射的吸收、传递和反射。长期覆盖在极地冰面的油膜，会增强冰块吸热能力，加速冰层融化，对全球海平面变化和长期气候变化产生潜在影响。

图1.21　石油污染危害海洋动物的生存环境

虽然海底自然渗漏造成的石油污染量更大，但人类活动带来的钻井平台倾覆、输油管道爆裂，抑或是油轮失事，也会造成难以估量的海洋生态灾难。2010年4月20日发生一起墨西哥湾外海油污外漏事件。起因是英国石油公司所租用的"深水地平线"钻井平台发生井喷并爆炸，导致漏油事故。从2010年4月20日到7月15日之间，大约共泄漏了320万桶石油，导致至少 2500 平方千米的海水被石油覆盖。

应对海洋石油污染，首先应以预防为主，尽量避免石油污染的发生。例如，对海洋石油作业的平台、船舶等加强监督检查，随时监测监视海区的石油污染状况；提升钻井、作业平台的技术装备水平，确保不让一滴污染物落海；做好溢油应急计划，防止由意外事故如井喷或海底管线破裂造成的原油泄漏。实践证明，海洋石油污染一旦发生，如能采取有效措施，损失就会小得多。例如，处理海洋石油污染，先要用"拦油栅"将浮油阻隔起来，防止其扩散和漂流。然后，用各种物理方法把阻隔起来的石油尽量回收。对于剩下无法回收的部分再用化学方法和生物方法处理。

其次，海洋石油作业平台必须按照规定要求做好环保工作，对开发生产过程中产生的废气、废水和固体废物等必须进行减量化、无害化处理，达标后才能排放，如果实在无法达标，必须运回陆地实施有效的处理处置。对于平台上产生的生活污水，也要处理达标后才能排放。

1.17 海上溢油如何监测？

石油入海后即发生一系列复杂变化，包括扩散、蒸发、溶解、乳化、光化学氧化、微生物氧化、沉降等。为控制溢油污染海洋，监测溢油的扩散行为是处置事故溢油的要点。溢油监测技术主要分为光学监测和电磁波监测两大类。光学监测包括可见光技术、红外技术、紫外技术、荧光技术、高光谱技术等；电磁波监测主要有微波辐射监测技术、雷达技术、电磁能量吸收技术等。

1）光学监测

可见光技术以成像原理为基础对溢油区域的影像进行处理，区分水、油界面，经济实用，但区分度低、虚警率高，也易受天气和夜晚影响。

图 1.22 遥感监测

红外技术利用热像仪、辐射计、扫描仪测定水、油的辐射量，经数据处理后获得溢油的影像，适用于远距离观测，多用于卫星和航空遥感（图 1.22），技术成熟，不受昼夜影响，但易受浮游植物等干扰，对薄油膜不灵敏。

紫外技术利用油膜对紫外光的反射率比水高的特性，对水、油反射信号进行处理辨别，灵敏度高，不受外界光线影响，但由于波长短、绕射能力弱，远距离观测极易受大气气溶胶、臭氧分子影响。

荧光技术利用油类物质中共轭结构对特定紫外光能量的吸收，激发特定波长的荧光，从而完成对油类物质的测量。荧光技术的特异性高，但干扰因素多，适用于近距离溢油监测。若要远距离溢油监测，需利用激光作为激发光源，通过扫描实现监测，设备成本高、体积大、操作复杂。

高光谱技术利用近乎连续的窄波段光谱信息，不仅可以有效区分油膜与水，而且可根据不同油品种类和不同时期的油膜光谱吸收特征差异推断所泄漏的油品种类与泄漏时间，但高光谱技术尚处于研发阶段，其光谱数据库构建和数据处理技术有待进一步研究。

2）电磁波监测

微波辐射监测技术利用被动式的微波传感器（微波辐射计）接收水和油发射的微波，由于水和油的发射系数不同，传感器可以识别出油膜。该技术的时空分辨率较低，且易受海上风浪影响。

雷达技术利用雷达发射和接收微波，通过接收水面目标的后向散射来提取油膜信息，空间分辨率较好，但易受风速影响和类油膜信息干扰。图 1.23 显示了合成孔径雷达（SAR）技术的探测原理。

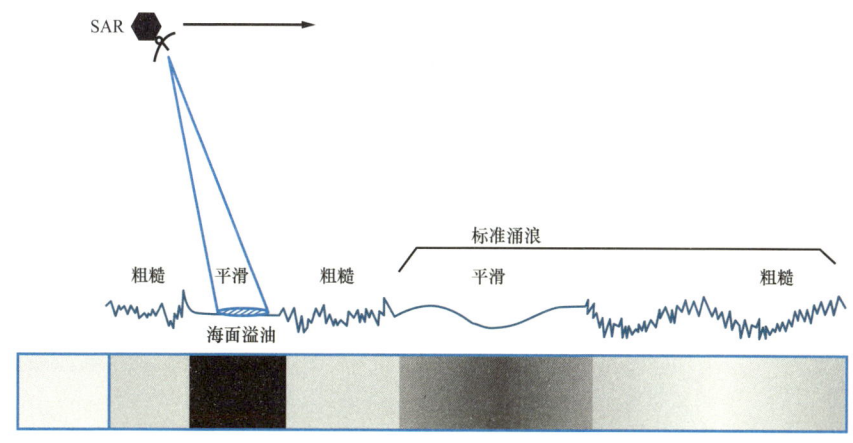

图 1.23　利用 SAR 海面溢油探测原理

电磁能量吸收技术利用水、油对电磁波传播性能的差异，在水面上下分别布设电磁发生和接收装置，实现对油膜的监测，并对一定范围内的油膜厚度进行定量判断，但由于监测为接触式，监测覆盖范围小，对水文条件有较高要求，且设备易受污染。

1.18　海上溢油事故一旦发生，该如何处理？

海上溢油事故一旦发生，必须采取措施进行处理，主要方法包括物理处理法、化学处理法和生化处理法。

物理处理法主要去除含油污水中的矿物质和大部分固体悬浮物、油类等，常采用的手段有围油栏（图 1.24）、撇油器和吸油材料等。石油泄漏到海面后，应首先用围油栏将其围住，阻止其在海面扩散，然后再设法回收。撇油器能将浮在水面的油污直接收集起来。此外，还可使用亲油性的吸油材料，使溢油粘在其表面而被吸附回收。新型的磁性物质颗粒也被用于清油，由于对海洋环境和水质均没有影响，其为清除海洋石油和汽油污染开辟了新途径。

溢油事故处置视频

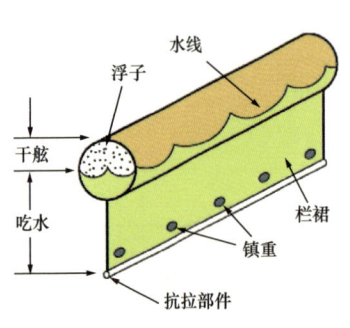

图 1.24 常见围油栏简易结构示意图及实物图

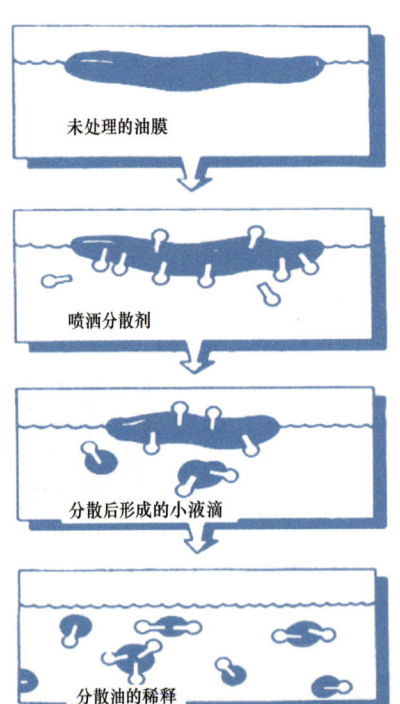

图 1.25 分散剂分散溢油的作用过程

化学处理法主要应用于物理处理法难以清除的油类乳化物，能够改变油类物质的物理化学性质，可以直接应用于溢油处理，也可以作为物理处理法的后续处理。常用的化学处理法包括化学破乳法、化学氧化法、分散剂法（图 1.25）等。但不容忽视的是，化学处理法往往由于化学药剂的投加而造成海洋的二次污染，因此在喷洒化学药剂的同时，还应结合物理方法，如抽吸机、水栅和撇沫器等，还可以用油缆阻挡石油扩散。对于收集上来的污水，需要继续采用生化处理法，将废水中的有机物进行降解，进一步净化废水。德国的科学家曾破译了一种能吞噬石油的单细胞细菌的基因，利用这种细菌可以更好地解决海洋石油污染问题。

1.19 石油工业产生哪些固体废物？

石油工业涉及油气勘探开发、集输与储运和石油炼制等生产过程，都会产生大量固体废物，这些固体废物主要来自生产工艺本身及污水处理设施等。油气勘探开发产生的废物有钻井作业产生的废钻井液、钻屑，储层改造作业的压裂返排液，井场油污土壤，固井作业遗留在井场的水泥等；油气集输与储运产生的废物有油污土壤、罐底油泥、污水处理厂含油污泥等；石油炼制产生的废物主要来自生产工艺过程及污水处理设施，包括废酸碱液、废白土渣、废催化剂及污水处理厂的"三泥"（浮渣、油泥和剩余活性污泥）等。

按照危险属性，固体废物分为危险固体废物和一般固体废物。危险固体废物指列入《国家危险废物名录》或者根据国家规定的危险废物鉴别标准和鉴别方法认定具有危险特性（毒害性、易燃性、腐蚀性、化学反应性、传染性、放射性）的固体废物；其余则称为一般固体废物。根据《国家危险废物名录》（2021年版），油气勘探开发产生的废油基钻井液和石油炼制产生的含油污泥都属于危险废物，必须按照相关国家、行业和地方标准要求进行安全处理处置。

石油工业的固体废物视频

要想从源头上减少危险固体废物产生量，石油工业企业必须采用清洁化生产技术，积极推行生产系统内回收利用和循环利用。对无法回收利用的危险固体废物，通过系统外的危险固体废物交换、物质转化、再加工、能量转化等措施实现回收利用。石油工业产生的固体废物，既是生产中的废物，又是可贵的二次资源。含油固体废物中的废矿物、无害化除油后的残渣都是可利用的二次资源，可以通过分离技术回收油品等资源，还可以经资源化处理后做成铺路基土、免烧砖、烧结砖等建材产品（图1.26）。废碱液已成为生产硫酸、环烷酸、粗酚的原料。有机合成工业中的丁辛醇生产产生的副产物异丁醛，经加氢和催化反应后生产异丁醇。这些废物的利用，不仅消除了对环境的污染，还创造了很高的经济效益。随着国民经济的迅速发展，科学技术的不断进步，固体废物逐渐趋向资源化，达到综合利用、变废为宝的目的，这是石油工业企业今后努力的方向。

a. 钻井废物制备的资源化产品

b. 用于修建通井路与护坡

图 1.26　钻屑资源化产品应用场景

1.20　含油污泥如何处理？

含油污泥是石油和天然气开采、石油炼制等生产过程中产生的主要固体废物之一，呈黑色固态或半流动状态（图1.27），含有原油、水分、黏土矿物、生物有机质和化学添加剂等物质，黏度高，难处理。这些黑乎乎的含油污泥是从哪里来的呢？一是石油开采过程中抽油机或输油管线破损造成原油泄漏到地面，形成落地含油污泥；二是原油在进入炼制设备前会在联合站进行脱水处理，储存原油的储罐经过一定时间后罐底部会产生罐底含油污泥；

三是炼油厂的污水处理厂在处理含油废水后产生的浮渣。不同含油污泥性质受颗粒性质、油品性质及生产工艺、投加药剂等因素影响，差异性较大，大部分含油污泥含水率在70%~99%之间，石油烃含量最高可达50%，石油烃、盐成分含量较高，且含有重金属和酚类等有害杂质。

图1.27 含油污泥

发达国家早在20世纪70年代就开展了含油污泥治理技术的研究，尤其是美国、加拿大、丹麦、荷兰等欧美国家，工艺技术已经比较成熟，开发出的处理技术包括：填埋、注入地下储层封堵高含水层、固化处理（封固含油污泥中的油）、化学溶剂萃取、焚烧、焦化（制备石油焦）、热解（在高温下实现油、水、固的三相分离）、生物处理（加入微生物，降解油泥中的油）、综合利用（制备橡胶、建材产品）等十余种。这些处于不同发展阶段的技术在不同设定条件下，对特定的含油污泥取得了一定的处理效果，不同程度地实现了回收资源、减少或降低污染风险的目的，但不同技术具有各自的特点和适用范围，处理成本及因技术实施所引起的环境压力和潜在二次污染等差别很大。

> **小贴士**
>
> 三次采油是通过向油层注入聚合物、表面活性剂、微生物等物质，采用物理、化学、热量、生物等方法改变油藏岩石及流体性质，提高水驱后油藏采收率的技术，是在水驱技术基础上发展起来的大幅度提高采收率的方法。

随着油田以化学驱油为主的三次采油技术（图1.28）的推广应用，原油性质发生变化，导致含油污泥组分更加复杂。在碳达峰碳中和等绿色低碳的新形势下，石油石化企业面临着含油污泥低成本处理和稳定达标的压力，含油污泥处理领域需要新一轮的技术升级与工艺革新。未来，含油污泥源头减量管控、高效破乳除油、低能耗热解炭化和区域协同处置等技术将是主要发展方向。

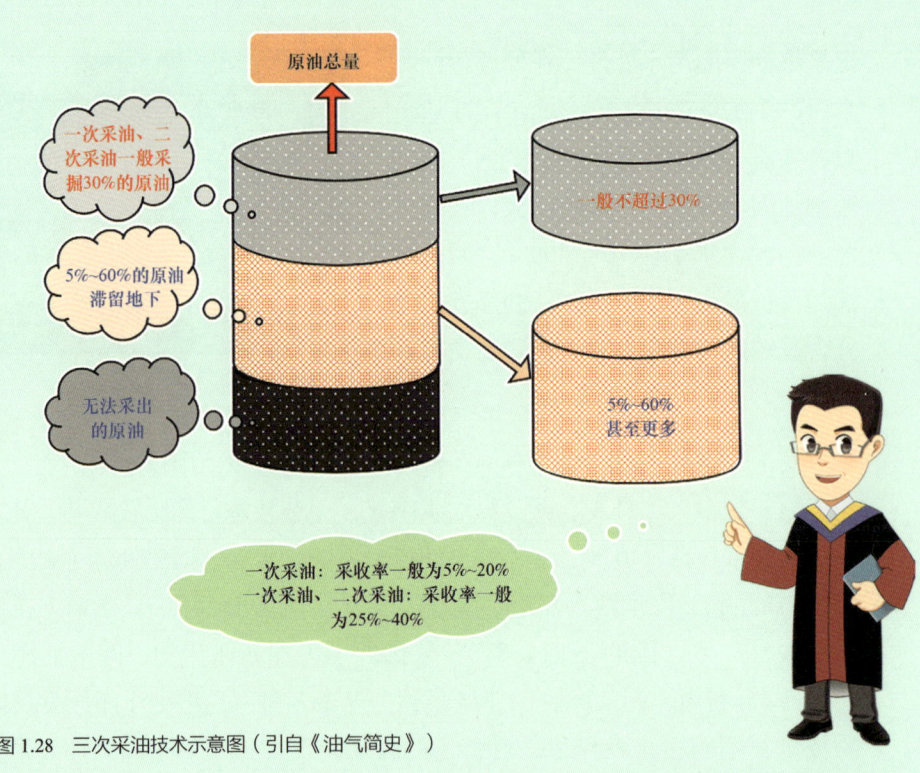

图1.28 三次采油技术示意图（引自《油气简史》）

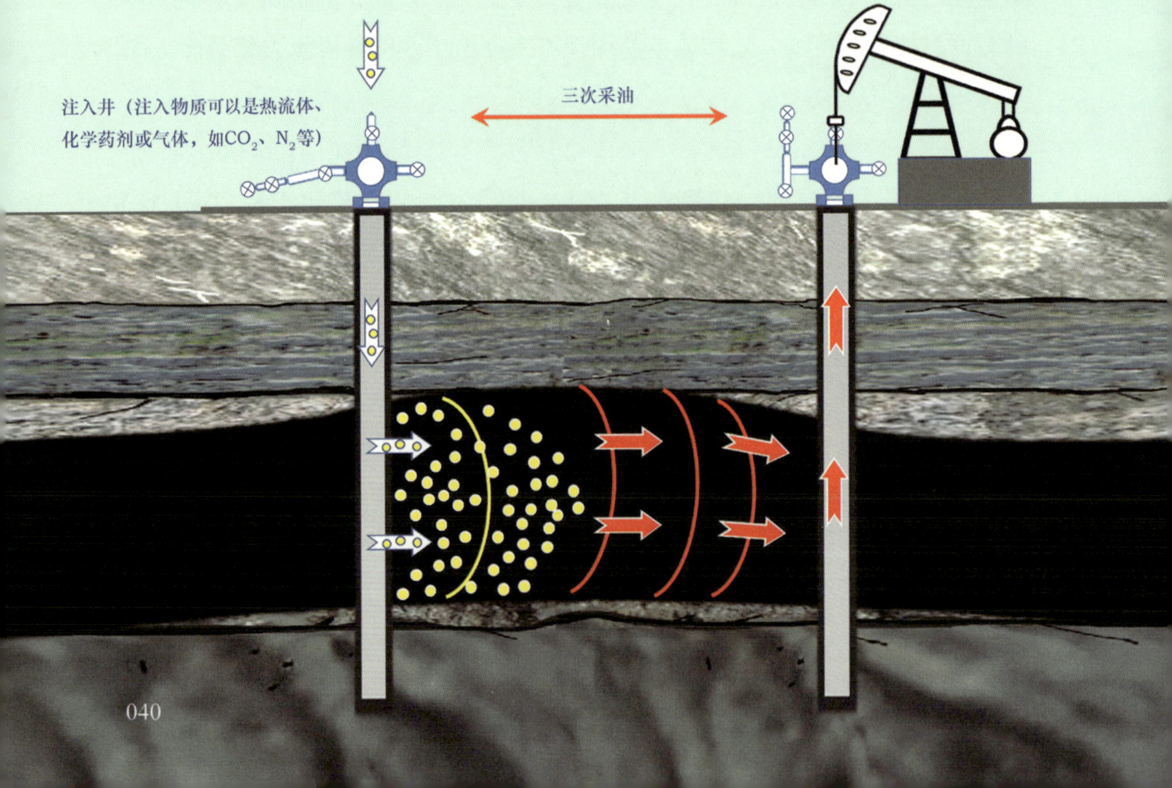

1.21 石油污染土壤的来源、危害及修复方法

在石油石化产业的勘探、开采、运输、加工、储运、销售等全部链条中，管理不善或事故等因素都会导致石油污染物泄漏事件的发生，对环境造成严重危害。据统计，全世界每年约有800万吨原油进入环境，污染土壤、地下水、河流和海洋。土壤中石油污染物的来源主要包括原油泄漏和溢油事故，含油矿渣、污泥、垃圾的堆置，污水灌溉，大气污染和汽车尾气的排放，药剂污染等。石油及其产品对土壤环境造成的损害（图1.29），已成为全世界关注的重点问题。

图1.29　石油污染土壤

> **小贴士**
>
> 由于环境中的有毒物质品种繁多，不可能对每一种污染物都制定控制标准，因而提出了在众多污染物中筛选出若干种对人体健康和生态平衡危害大的或潜在危险性大的有毒污染物作为优先控制对象，称优先控制污染物。

污染土壤中石油的主要成分为烷烃、多环芳香烃、烯烃、苯系物、酚类等，其中环境优先控制污染物多达30种。土壤的石油污染危害是破坏生物的正常生活环境，造成生物机能障碍。例如，堵塞土壤孔隙，改变土壤有机质的组成和结构，引起土壤有机质的碳氮比（C/N）和碳磷比（C/P）的变化；引起土壤微生物群落、微生物区系的变化，使污染环境中微生物生理功能明显降低；芳香烃类物质对人及动物的毒性极大，多环芳香烃类物质可通过呼吸、皮肤接触、饮食摄入等方式进入人和动物体内，影响其肝、肾等器官的正常功能，甚至引起癌变；石油类物质还能通过污染地下水以及污染物的转

移，构成对人类生存环境多个层面上的不良胁迫。

目前，石油污染土壤的修复方法分为物理法、化学法、生物法三类。物理修复方法是利用物理原理和特定工程技术，将土壤中的污染物移除或者转化为无害形态，主要包括土壤置换、气相抽提、萃取洗脱、电动修复、热脱附和生物炭吸附等；化学修复方法是利用化学反应原理和工程技术将土壤中的污染物分解成无毒小分子，从而达到土壤修复的目的，其一般适用于高浓度污染场地的处理，主要的修复技术包括化学氧化、等离子体降解和光催化降解等；生物修复技术主要分为微生物修复技术、植物修复技术、动物修复技术和联合修复技术。

1.22 如何防止落地油污染？

落地油，也称落地油泥，是石油勘探、开发、储存过程中散落地面或管线、储罐穿孔泄漏及运输过程中事故导致泄漏，掺杂着泥沙、工业或生活垃圾的一种含油混合物，组成复杂，对环境危害较大。

> **小贴士**
> 生化需氧量（常记为BOD）指在一定条件下，微生物分解存在于水中的可生化降解有机物所进行的生物化学反应过程中所消耗的溶解氧的数量，以毫克/升或百分率表示。它是反映水中有机污染物含量的一个综合指标。

落地油中的油气挥发进入大气，会使生产区域内空气中总烃浓度超标，继而被光氧化形成光化学烟雾，造成$PM_{2.5}$超标，过量吸入人体后会诱发慢性呼吸道疾病，甚至引起肺水肿和肺心疾病。散落或堆放的落地油随雨水径流进入地表水体甚至地下水中，使水中COD、BOD（生化需氧量）和石油类污染物严重超标；如果大量的石油污染物进入地表水体，会在水面形成油膜，阻碍水体与大气之间的气体交换，石油还会黏附在鱼类、藻类和浮游生物上（图1.30），致使水生生物死亡，并破坏海鸟生活环境，导致海鸟死亡和种群数量下降。石油进入土壤会造成土壤中石油类污染物超标、土壤板结，使植被遭到破坏，草原退化，生态环境受到影响。据一位美国环保人士估算，如果阿拉斯加陆地石油管道发生泄漏，至少会形成半英里❶宽、30英里长的污染带，由于石油会迅速渗透到土壤中，杀死土壤中的微生物，改变土壤成分，破坏地表生态，遭受污染的地区可能在几十年甚至上百年的时间内都很难恢复。

图 1.30　落地油影响海洋生物

那么，防止落地油污染的方法有哪些呢？

（1）从源头控制落地油的量，推行清洁化作业。在井场地面覆盖厚塑料布，将落地油有效回收；设置污油回收池、围墙、围堰、防洪沟等相应的落地油回收和防治设施等。加强技术研发、开发清洁生产工艺、装备，减少化学品使用。加强管理和维护，减少甚至杜绝管线泄漏、管外漏事故的发生。开展管道巡查，通过无人机辅助人工开展巡检，及时发现管道、套管泄漏风险；开展管道检测，应用管道检测技术定期对管道外防腐层性能进行检测与

---

❶　1 英里 =1609.344 米。

评价，查找防腐层缺陷点；开展管道隐患治理，针对性地查找管道隐患点以进行管道隐患治理。

（2）实施分类储存、分质处理。不同类型的油泥应分开收集、分开运输和分类储存，应尽量缩短储存周期，减少轻质组分的挥发。不同类型的油泥要采用适宜的技术处理，如含油率高的油泥采用破乳—化学热洗—离心分离—热解处理技术，低含油落地油直接采用热脱附或焚烧处理技术。尽可能采用物理法处理，如采用萃取法，减少化学药剂的引入，避免产生新的污染或增加污水、污油的处理成本。采用化学处理的，应尽可能采用可降解、环境友好型表面活性剂，或降低化学药剂使用量。

（3）剩余固相资源化利用，实现末端消量。落地油处理后的低含油粒状无机质和残渣，可用于铺通井路、垫井场、制备免烧砖或砌块。处理中产生的废水经絮凝、过滤处理后应尽可能回用。通过废物综合利用，减少排放，实现末端消量。

1.23 谁把石油当美食？

石油开采出来后，要运输到炼化厂和加工厂，最终生产成为生活中的物品。但是，在石油开采、运输、加工、存放和使用等过程中，如果处理不当，会产生"跑、冒、滴、漏"现象，甚至发生事故，造成环境污染。那么当污染发生后，该如何把石油污染物从环境中去除，使环境得到修复呢？小小的微生物可以发挥巨大的作用。

微生物体型微小，结构简单，绝大多数细菌直径为 0.5 微米，在显微镜下才能看到。微生物在自然界中无处不在，它们广泛分布于土壤、水体、空气，还有动植物的体内。人体中也有非常多的微生物，如在皮肤上和胃肠道里。同所有的生物一样，微生物需要合适的温度、湿度和营养物质才能生存，不同的微生物生存条件不同。有些微生物的环境适应能力特别强，能在极端的环境中生存，如在干旱的沙漠里、温度高达 80℃ 的热泉里，以及气温零下几十摄氏度的寒冷南极和北极。

微生物能在石油污染环境中生存吗?答案是当然可以!对于有些微生物,石油就是它们的营养物质,是它们的食物。这些微生物把石油降解成水、CO_2和其他有机物(图1.31)。这样,有毒的石油就变成没有毒的物质了。这些能够吃石油的微生物称为石油降解菌。但是,不是所有的微生物都能够把石油当作食物,怎么知道哪些微生物是能吃石油的,哪些不能呢?可以通过分子生物学技术来实现。把微生物放在以石油为唯一碳源的培养基里培养,如果微生物能生长繁殖,说明它们能把石油当作营养物质。提取这些微生物的基因,通过基因序列比对分析,可以鉴定出这些石油降解菌的种类。接下来,就可以利用这些石油降解菌,把污染环境中的石油都吃掉。

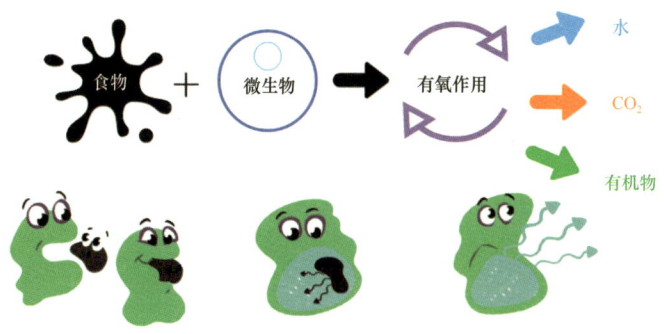

图1.31 微生物降解石油示意图

自然环境中微生物降解石油的速度较慢,需要采取一些技术手段加快微生物对石油污染物的去除,这些技术称为微生物修复技术。以石油污染的土壤为例,这里主要介绍生物刺激和生物强化两种微生物修复技术(图1.32)。当土壤中存在石油降解菌(称为土著降解菌)且含量较高时,可以采用生物刺激技术。生物刺激是通过改善土著降解菌的生存环境,提高对石油污染物的降解。有研究表明,当石油进入土壤中,土著降解菌能够大量繁殖,含量可以由1%提高到10%。因此,石油污染环境中一般都存在土著降解菌,通过分子生物学技术进一步明确它们的种类和含量。除了石油,土著降解菌还需要其他的营养物质进行生长,就像我们不仅要吃米饭,还要吃肉类和蔬菜，补充蛋白质和维生素。通过补充水分、氧气、氮、磷和微量元素等物质，促进土著降解菌的生长繁殖，提高降解石油的速度。

当环境条件十分恶劣，土著降解菌含量非常少时，就不适合用生物刺激技术了，而需要利用生物强化技术。生物强化是将筛选培养的石油降解菌投加到土壤中，同时提供它们所需要的营养。首先要把一些吃石油速度特别快的高效降解菌筛选出来，研究最适合的生长条件，再把它们投加到污染土壤中降解石油。在这个过程中，它们可能会出现"水土不服"的情况，需要补充水分、氧气和营养物质等，让它们在土壤中能很好地存活并且快速降解石油。

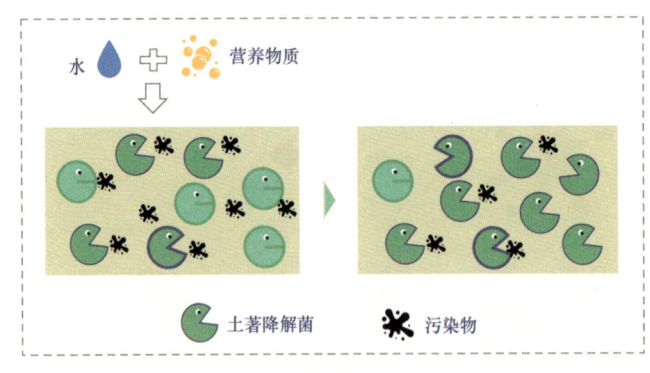

a. 生物刺激

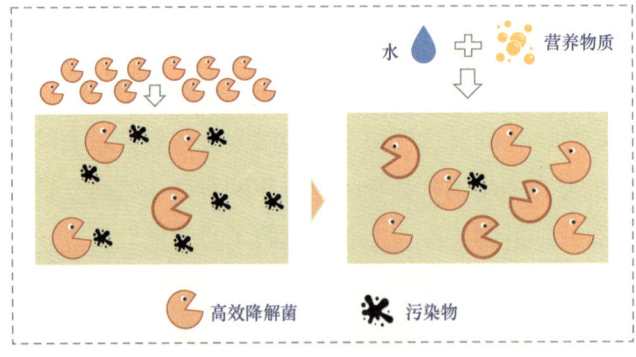

b. 生物强化

图1.32　生物刺激和生物强化示意图

一 石油天然气工业的环境污染与治理

1.24 油气田地面建设如何兼顾生态环境保护？

油气生产需要大量的生产设施，配套各类供电、供水、通信、人员生活等基础设施。需要系统建设相应的场站、道路和管线，这就是常说的油气田地面建设。换句话说，油气田地面建设内容主要包括钻井和采油采气的井场、原油分离处理的联合站、天然气净化厂等场站，各场站之间物资运输和人员交通用的道路，以及各场站之间和场站与外部连接的各类管道等。图 1.33 显示了苏里格气田地面场景。

我国大庆油田分布在黑龙江、内蒙古等多个省市的多个地区，由萨尔图、杏树岗、喇嘛甸、朝阳沟等 48 个规模不等的油气田组成，面积约 6000 平方千米，仅油水井就超过 5 万口，再加上配套的工厂、人员生活等后勤保障系统，可见地面工程的建设工程量非常巨大。

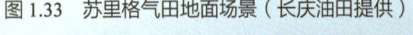
图 1.33　苏里格气田地面场景（长庆油田提供）

油气田地面建设的井场、管道、处理站场、油（气）储存及附属的生产、生活设施，需要征用一定的土地，相应地会改变土地原来的用途，如将农田、草地、沼泽地变成井场。场站建设过程中，土壤会被压实，土壤结构和性状也会被改变。部分占地为临时用地，如钻井时，临时征用的钻井液池等，钻井结束后，钻井液池内的废钻井液经环保处理，钻井液池填埋，返给当地政府复耕复用。部分占地为永久性占地，如井场抽油机、采气树等生产设施占地，使用年限一般在20年以上。

油气田地面建设过程中，常常需要在地表挖坑或挖沟，施工完成之后再回填。因此，各种扰土作业可能会造成地表植被呈点状和线状破坏，影响水土保持等功能，严重的可能会造成草场退化或沙化。在建设过程中，一些设备设施也会排放一定的废水、废气和废渣，也可能造成环境污染，影响植被生长。

管道在建设时，一般开挖之后再回填，相对影响较小。建设完成后，会采用多种方式恢复植被，恢复生态环境。在东部地区，植被生长较好的地区，恢复也较快。但在西部干旱、半干旱地区，特别是黄土塬、沙漠化地区，生态环境脆弱，恢复往往时间长、成本高。因此，生态环境保护是油气田地面建设工作中的一个重要组成部分，必须经过充分研究和论证并经过有关部门审批后，才能开工建设，其中的一个重要原则就是要尽可能地减少占地和侵扰，并采用多种措施恢复植被、恢复生态环境。

1.25 石油钻井工程与生态保护

石油和天然气"住"在哪里？它们"住"在地下岩层中。要想把它们采出来，通常需要石油钻机在确定的地面位置钻出一个数千米甚至上万米深的井眼，来建立地面和地下油气的采出通道，这个过程就是石油钻井（图1.34）。在钻井作业过程中，需要使用钻井液（一种特别配制的泥浆）。钻井液就像钻井作业的"血液"，它是由水（或白油、柴油）、膨润土（或有机土）、重晶石、化学添加剂等组成的一种稳定的半悬浮液体系，作用是携带岩屑、冷却钻头、润滑钻具、传递水力压力等，是钻井作业必不可少的一部分。

钻井液通过钻井泵泵入钻具内，从钻头进入钻具和井壁环空内，携带着岩屑由环空上升到地面，再通过高架槽进入"振动筛—除砂器—除泥器—离心机"四级固控设备净化分离出地层的岩屑后，循环重复使用。分离出来的地层岩屑，因受到钻井液中化学添加剂或油类的污染而成为钻井废物。根据钻井液性质的不同（主要分为水基钻井液、油基钻井液），钻井废物分为水基钻井废物和油基钻井废物，二者的处理处置与循环利用方式也存在较大差异。

图 1.34　钻井作业平台

水基钻井废物处理技术发展主要经历了就地填埋、固化处理、固液分离处理、随钻不落地处理四个阶段。油基钻井废物处理技术主要经历了集中暂存、简单回收利用、物理化学法回收利用三个阶段。目前，石油钻井工程师已建立了"源头绿色化、过程减量化、末端资源化"钻完井作业环境污染"井场闭环"新模式，形成了钻完井清洁生产一体化技术，即采用无毒可降解环保钻井液，降低后续废物处理难度和成本；废钻井液去除劣质固相后，最大限度地予以回用，以减少末端废物产生量；钻井结束后，钻井废物经无害化处理，制备成铺路基土、免烧砖等资源化产品。

未来，石油钻井工程师将继续努力，建立油气地面与地下物质传递的"绿色通道"，保护生态环境，实现油气绿色开发，致力构建绿色油气田。

钻井清洁生产视频

1.26 油气田压裂作业与环境保护

众所周知,油气是从地下岩层中被开采出来的。为了打通并建立地面和地下油气的采出通道,钻井显然是油气开采的首要环节。然而,地下岩层的结构错综复杂,有些油气还潜藏在致密的页岩层中,从油气资源所处的位置到井筒,没有任何直接连通的通道,因此这些油气无法被采集。采用压裂技术,就能够为这些隐藏的油气制造出到达井筒的通道,这也是油气开发中广泛使用的提高采收率的方法。

> **小贴士**
>
> 页岩是一种细粒沉积岩,属于黏土岩类。黏土岩是一种主要由粒径小于 0.0039 毫米的颗粒组成,并含大量黏土矿物(高岭石、蒙脱石、水云母等)的沉积岩,但其中混杂有石英、长石的碎屑以及其他化学物质。这些黏土固结成岩称为泥岩或页岩。页岩与泥岩的区别在于它们的沉积构造。泥岩没有明显的纹层状层理,往往呈块状;页岩具有特征的书页状或薄片层状层理,页岩名称就是根据这种特征而命名的。

其中,体积压裂技术最为常用。这种技术主要是向地下注入清水、砂砾、化学药剂等混合成的压裂液,以数十兆帕到上百兆帕的压力,将蕴含油气的岩层"撬开",也就是制造出无数条的裂缝架起油气开采的"高速路"(图 1.35)。为了让致密岩层中的油气顺利地通过这些裂缝到达井筒,压裂液中的砂砾会留在这些裂缝中来支撑通道,但是压裂液的液体部分黏度非常大,会堵塞这些通道,因此除去砂砾的液体必须全部返排到地面,该部分返排到地面的液体叫作返排液。经过实施这样的压裂措施后,隐藏在致密岩层中的油气就能够像其他常规的油气一样被抽出到地面了。

体积压裂增产油气的效果十分明显,但压裂用液量也很大,如某些页岩气井压裂用液量超过 6 万立方米,这比 20 个游泳池装的水还要多。再估算一下,如果我国每年新开页岩气井 1000 口,那么一年需要的清水就达到 6 亿立方米,这相当于每年要抽出太湖水量的 1/7。然而,在我国大力开发页岩油气的同时,并没有出现因水资源大量采集而造成水资源短缺等环境问题,这主要是因为用来配制压裂液的水并不是直接取自地下或者地表的清水,而是返排液又被重新利用了。

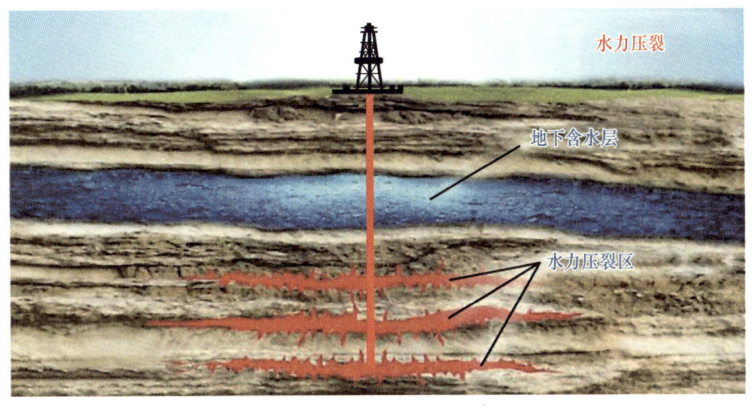

图 1.35　体积压裂示意图

1.27　复杂返排液的再利用

地下岩层很复杂，注下去的压裂液是发生了各种化学的、物理的作用后才返排到地面的，它不仅含有来自压裂液本身的化学物质，同时也把地下的矿物盐、颗粒物都带了出来。此外，由于压裂液中有黏度的物质在地下没有完全被分解，会导致返排液可能也很黏稠。这样复杂的返排液如何再重新利用呢？常规的处理方法包括以下步骤。

第一步，需要检测出返排液的黏度，如果它比清水的黏度高出 3 倍以上，就需要进行降黏处理了，这里可以使用化学剂，也可以采用电、光等一些刺激手段。

第二步，对降黏后的返排液进行杂质去除处理，通常采用化学剂把这些颗粒物、胶体类的杂质吸附、沉淀出来。

第三步，返排液中较大的杂质已在第二步被分离出去了，但还有一些细小的颗粒物仍然可能堵塞地下裂缝，这里可以采用过滤的方法把这些细小颗粒物进一步去除（图 1.36）。

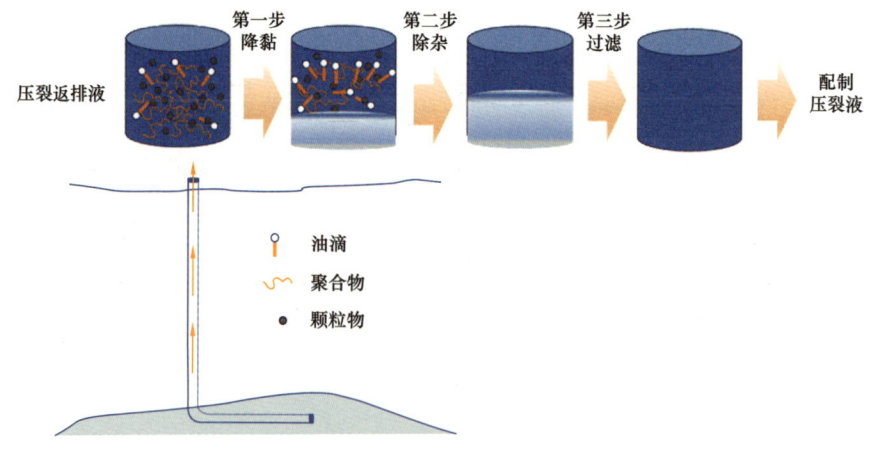

图1.36 返排液的再利用步骤示意图

返排液经过以上三步的处理后就变澄清了，是可以代替清水来配制压裂液的。然而，返排液量只占注入压裂液量的30%~70%，即使全部的返排液都被重新利用，仍然还有30%~70%需要其他的途径来补充。当然，对于一个油气开发区块，并不缺少这样的途径。由于区块内的钻井、压裂、油气排采等过程并非同时进行，那么钻井废水处理后可以用到其他油气井的压裂，甚至油气排采的废水也可以用于压裂液的配制。

因此，油气开发中的废液、废水都是"水资源"，它们可以在一定区域范围内实现循环利用，且不会造成地表水、地下水的水量与水质发生很大变化，这种水资源高效循环利用模式支撑着油气开发与环境的和谐可持续发展。

1.28 石油开采的同时如何保护地下水？

水是生命之源，地球上约71%的区域被水所覆盖，陆地面积仅占总面积的29%。地球上水的总量虽然很大，但是大部分是海水，淡水储量约占全球总水量的2.53%，其中能被人们利用的淡水占比仅为0.4%，约占地球总水量的0.77%。中国的淡水总资源量位居世界第6位，但一方面，中国的淡水资源量随着季节和地域不同而严重分布不均；另一方面，目前中国人均淡水资源占有量是世界平均水平的 1/4，居世界第 121 位，是世界 13 个严重贫水国家之一。可见淡水对于我们是多么珍贵。曾有这么一个说法："如果我们不保护水资源，我们终会有一天喝的不是地球上的水，而是人类自己的眼泪。"这绝不是危言耸听。

相对于地球表面上存在的地表水，地下水指赋存于地面以下土壤和岩石空隙中的水，是重要的饮用水水源，我国有近 70% 的人口饮用地下水，有 400 多个城市开采地下水，在华北和西北地区，城市供水量中地下水占比高达 72% 和 66%，部分城市更是以地下水作为唯一的饮用水水源。因此，保护地下水不受污染是我们必须高度重视的问题之一。中国石油人，在以感天动地的革命亲情和无私奉献精神为我国现代化发展提供宝贵石油资源的同时，也义不容辞地承担起保护地下水的重任。

保护地下水，首先就是要防止钻井过程中的地下水污染。在从地表到地下水层钻井时，采用不含有毒性化学物质的钻井液，以免有毒物质渗入地下水。待钻过地下水层后，在井眼中下入一根钢管，也叫表层套管，表层套管从地表一直穿过含水层，并且采用清洁无毒性的固井水泥封堵钢管周边，就像电线的"绝缘层"一样，把井筒和外边的地下水层完全分隔开来，从而防止后续的钻井和采油工作污染到地下水（图 1.37）。

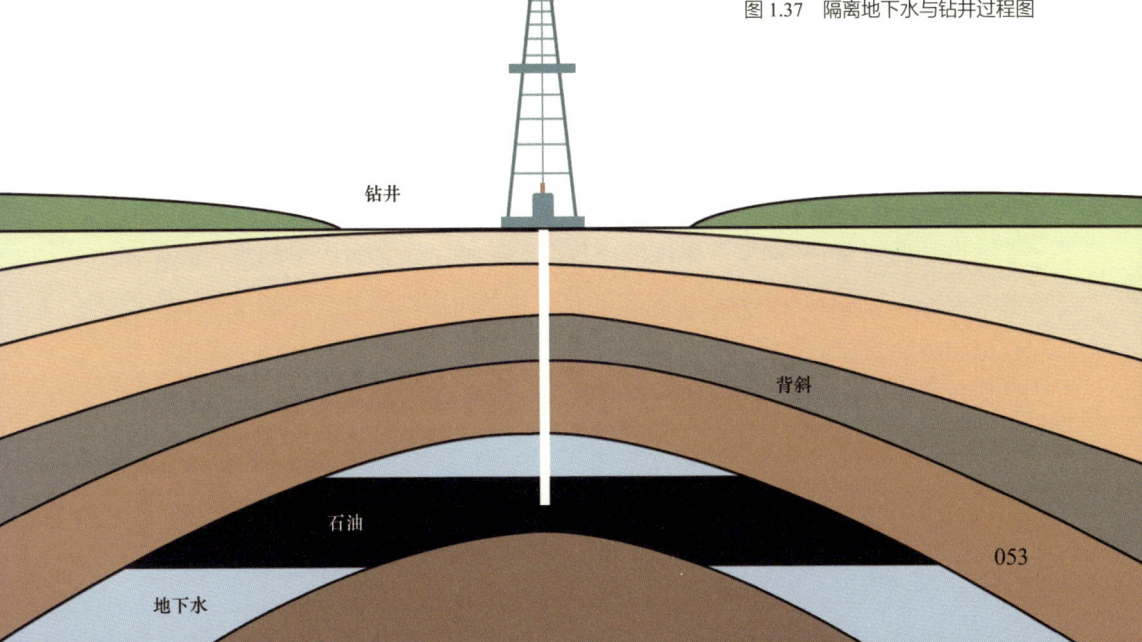

图 1.37 隔离地下水与钻井过程图

保护地下水，其次就是要防止废钻井液、含油污水等未经处理的污水渗入地下水。钻井过程中需要大量的钻井液，这些液体经过一段时间的使用，由于掺入了大量岩石碎屑或者其他物质而无法使用，这些废液如果与土壤接触，就会渗入地下，污染地下水。另外，采出原油的同时也会采出大量的水，经过油水分离后，原油被转运至炼油厂，而分离出含油污水如果不经处理直接排放到环境中，也会渗入地下水，造成地下水的污染。因此，对于废钻井液和含油污水，一定要进行无害化处理并加以回收利用。目前的环保和处理工艺技术已经做到钻井过程中所有的钻井废物不落地，最大限度地保护环境，保护地下水。

保护地下水，还要防止输送原油的管道泄漏，泄漏的原油如渗入地下也会造成地下水污染。从地下抽取的原油中往往含有一定比例的水，原油中含水的比例随着油田地质情况不同而不同，还会随着油田开发时间的延长而变化，而水中的盐、酸性物质等，都会对原油管道造成腐蚀。此外，管道外部环境往往也会对管道产生腐蚀作用。管道腐蚀穿孔后，原油就会泄漏到土壤中，造成地下水的污染。因此，原油管道都采取多种防腐措施，确保管道安全，同时保护环境，保护地下水。

1.29 如何从油田污水中回收热能？

在油田开发早期，油层深度比较浅，开采出来的液体基本为原油，温度一般为18～22℃。随着石油工业的飞速发展，开发油井的深度越深，采出液的温度越高，采油的深度增加到2000～4000米时，采出液到达井口时的温度也升高到60～80℃。采出液不仅含有原油，还含有大量的水，必须在地面上将水从采出液中分离出去才能获得生产所需的原油。虽然在对采出液进行油水分离时，已经将温度降低了很多，但分离出来的含油污水温度仍然很高。

以胜利油田的某生产区块为例,这里产生的含油污水在夏季时温度能有57℃,冬季时温度也可以达到53℃。按照普通油田日产含油污水30万吨来估算,每天处理这些含油污水所需的能耗不低于15万千瓦时,相当于360吨原油全部燃烧的热值,CO_2排放量达1134吨。如果能从含油污水中提取5℃的热量,回收的能量就相当于10万千瓦时左右,这可以抵消60%~70%的污水处理能耗,也会大幅减少碳排放。

近年来发展起来的热泵技术,就是一种能从污水中回收热量的好方法。2000年以来,多家油田逐步采用热泵技术来回收采出液的余热,用于生产过程中原油加热、管道伴热,或者生活中的冬日采暖等,但由于技术条件与设施配套不足等问题的限制,这种做法未被普及。2022年6月,生态环境部、国家发展改革委等7部门联合印发《减污降碳协同增效实施方案》,指出要推进污水处理厂节能降耗,推广污水处理厂水源热泵等热能利用技术。油田企业由此加快了含油污水余热利用项目的建设步伐。图1.38为污水源热泵系统流程示意图。

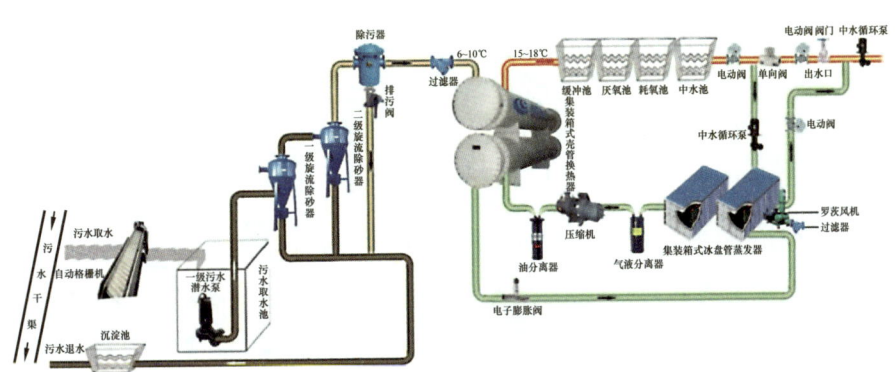

图1.38 污水源热泵系统流程示意图

中国石油从先导试验中积累了诸多经验,不断地扩大工业化规模,项目设施采用的热泵功率从2.5兆瓦发展到4兆瓦,污水的日处理量从0.5万立方米增加到3.45万立方米。在2022年新建的大庆油田含油污水余热利用工业示范中(图1.39),采用3台4兆瓦吸收式热泵设施,每日可以从3万立

图 1.39　大庆油田工业化余热利用项目先导试验

方米污水中提取余热，每年可以节约天然气量 330.65 万立方米，减少碳排放量 1.14 万吨。因此，将油田污水中的余热回收，对油田企业实现节能减排的意义非常重大。

1.30　如何防范石油工业中的放射性污染？

伴随石油工业的不断发展，越来越多的放射性测量、计量或分析仪器已经成为重要甚至不可替代的设备，被广泛应用于油气田勘探开发、炼油化工等领域。这些放射性设备源源不断地发出看不见、摸不着的高能射线，如防护措施不当或失效，会对附近的人员造成难以挽回的伤害。

在油气田勘探开发过程中有时要使用一些放射性元素。例如，为了测定井中哪些地层含石油天然气或含水，要测量地层的密度，要追踪向井下注入的水的流向和分布，都要进行放射性测井。因此，需要使用放射性物质，如能在井下辐射出中子射线的镅铍（^{241}Am-Be）中子源及能在井下辐射伽马射线的铯（^{137}Cs）、镭（^{226}Ra）、钡（^{131}Ba）、碘（^{131}I）、锡（^{113}Sn）、铟（^{113}In）、锌（^{65}Zn）放射性同位素源。这些放射性物质在储存和使用时都向周围环境辐射出对人体有害的中子射线或伽马射线。

放射性测井过程中的污染主要是因操作不当造成的，如配制的含放射性同位素（如钡）的溶液（活化液）溅出；在开瓶分装、稀释及搅拌过程中，有放射性的碘（^{121}I）气溶胶逸出。此外，在石油天然气开采过程中，地层中的微量放射性元素（钾、钍、铀等）可能被石油或水溶解并带出而吸附在石油管道的内壁上，也可能产生放射性污染。

在石油化工生产中，为了测定密封罐、反应器里液位、料位，或测定物料组分、密度、厚度等，需要运用放射性料位计、密度计、灰分仪、测厚仪等仪器。在工程建设或设备检测过程中，为了对罐、塔、管道等焊缝或各种设备腐蚀程度进行检测，需要运用放射性探伤仪等仪器（图1.40）。在正常情况下，这些仪器的操作人员只要遵守操作规程，注意安全防护，身体健康都不会受到影响。

图1.40　放射性探伤仪

油田对放射性测井的安全问题十分重视，为了保护环境，防治污染，保护工人身体健康，建立了各种制度。国家规定，放射性测井的每个放射源都设一个终生编码，放射性物质的储藏、运输要有专门的源库、源车、源保护筒；在运输中，放射源必须有5层包装，确保绝对安全；操作人员备有专门的防护用具（图1.41），甚至为从事放射性操作的人员配备专用餐车等。另外，在放射性同位素的选择上尽量使用半衰期短、辐射剂量低的同位素，如作为测井示踪剂的铟同位素的半

图1.41　放射性物质操作人员需防护齐全

衰期为 99.8 分钟，由于半衰期短，不会对环境造成明显的放射性污染，而且其化学状态稳定，配制成低浓度溶液，挥发性不强，含放射性物质的有效能量低，不易对人体造成伤害。

1.31 油气工业也有紫外线污染吗？

大家对紫外线一定不陌生，太阳光里就含有紫外线，它是一种不可见光。医院里经常利用紫外线进行消毒或治疗某些皮肤病。紫外线有自然来源（如太阳）和人工来源。凡是表面温度超过 1200℃的物体，都能辐射出紫外线，强度随物体温度变化而变化。电焊作业局部温度可高达 3000℃以上，所产生的紫外线的波长在 290 纳米左右，就是一种紫外线污染。

不同波段的紫外线，所产生的危害也有所不同。波长为 290 纳米的紫外线易被皮肤表层吸收；波长为 297 纳米的紫外线对皮肤影响能力最强，能使皮肤产生红斑、水疱和光感性皮炎等，还会引起头痛、全身乏力等；波长为 250～320 纳米的紫外线可引起角膜炎、结膜炎，波长为 288 纳米的紫外线对角膜的危害最严重。因此，在有紫外线辐射的场所工作或接触紫外线辐射的人员应该加强个人防护，如电焊工佩戴的专用眼镜等（图 1.42）。

图 1.42　电焊工佩戴防紫外线眼镜

一 石油天然气工业的环境污染与治理

在强烈的阳光下，紫外线辐射也很强。在烈日下工作的人员，除了做好防暑降温外，还要做好紫外线保护，避免紫外线伤害（图1.43）。

> **小贴士**
>
> UVA、UVB和UVC是三种不同波长的紫外线。UVA是长波，波长为320~420纳米；UVB是中波，波长为275~320纳米；UVC是短波，波长为200~275纳米。波长越长，穿透能力越大。

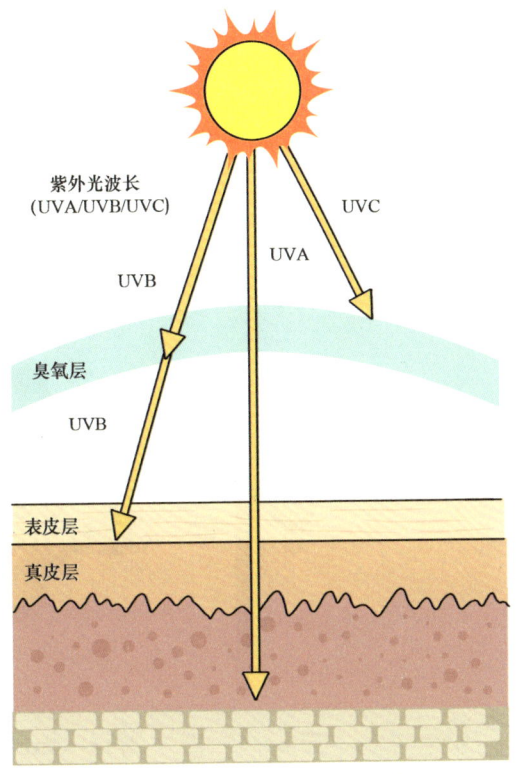

图1.43　不同波段的紫外线会对不同皮肤层造成伤害

1.32　油气田环境污染监测包括哪些内容？

一个油气田，小的只有100多平方千米（如玉门油田，面积为114.37平方千米），大的有6000多平方千米（如大庆油田）。在这些区域内，每时每刻进行的勘探、钻井、采油、集输等作业，随时都可能污染周围的环境。油气田环境污染的特点是污染源分布广阔、分散，涉及勘探、钻井、采油、油气集输等多种工业过程。

那么，油气田环境污染要监测哪些内容呢？

（1）各种生产作业过程对环境的影响。例如，在勘探过程中进行地震勘测，往往要在作业区进行人工爆炸；在钻井过程中要破坏地表；在测井时往往要使用有强烈辐射作用的中子源、伽马源等。这些问题可以归结为对油气田全部生产作业过程的环保监控。

（2）油气田在生产过程中气体的排放，主要包括井口和集输管线泄漏的天然气（图1.44）。

图1.44　管线监测

（3）油气田生产过程中废水或废液的排放，主要包括井口和管线泄漏油、落地油、采油和洗井的污水、钻井液等。

（4）油气田生产过程中排放的固体污染物，如钻井的钻屑，废弃的钻井、采油机械设备，各种固体垃圾等。

（5）油气田生产产生的噪声污染、放射性污染。

（6）井喷、大量漏油和其他严重污染事故的现场认定和处理。

1.33　油气田环境监测有新手段

遥感系统（RS）是在空中对地面进行系统观测的技术，全球定位系统

（GPS）是通过人造卫星对地面的活动目标进行实时跟踪定位的技术，地理信息系统（GIS）是对地球表面区域的自然景观等各种信息进行登录、管理的技术。这三种技术能够快速、准确地处理与地球表面某个区域相关联事物的信息，通常简称为"3S"技术。"3S"技术已成为油气田环境监测的重要手段。

油气田的环境污染具有污染源分布广泛、分散的特点，除了通常工业生产产生的连续排放污染，还有各种意外性很强的污染和生态环境破坏事件，如井喷、地震勘测的人工爆炸、管线破裂产生的石油天然气泄漏等。

由于污染物（如石油污染）和背景物（如没有污染的海水或河水）对某些辐射射线（如激光或红外线）的反射是不相同的，可以用相应的遥感系统对某个地区的污染情况进行监测，而且这种监测可按要求在一定的时间和空间范围内连续进行。例如，我国曾在靠近黄河入海口的莱州湾海域利用飞机进行红外线遥感观测，连续几天对该区几百平方千米海域水面上的石油污染情况进行跟踪观测。又如，莫斯科河上的一些桥下面，装有激光发射和接收河水反射的装置，一旦通过激光反射发现流过的河水异常，就证明河水被污染，该装置会立即报警。

全球定位系统则可以跟踪某些污染物的运动过程，如装载有放射性源或其他有害工业垃圾、污染物的车辆的运动路线和停放地点。

地理信息系统则可以根据及时更新的信息对某个区域地面的自然景观或其他信息变化，对所观察区域的生态环境变化进行评价，并可能对某些灾害性的污染和突发事件进行预测。

"3S"系统可以对油气田的生态环境进行连续监测。这种监测是覆盖油气田整个区域的（图1.45），而不是局限于个别观测点或采样点。由于"3S"系统的观测结果在时间和空间上都可连续进行，而且观测结果是动态的，观测更接近油气田生态环境变化情况。油气田生态环境监测系统一定要和"3S"技术结合起来，才会有更可靠的结果，才能够发挥更大作用。

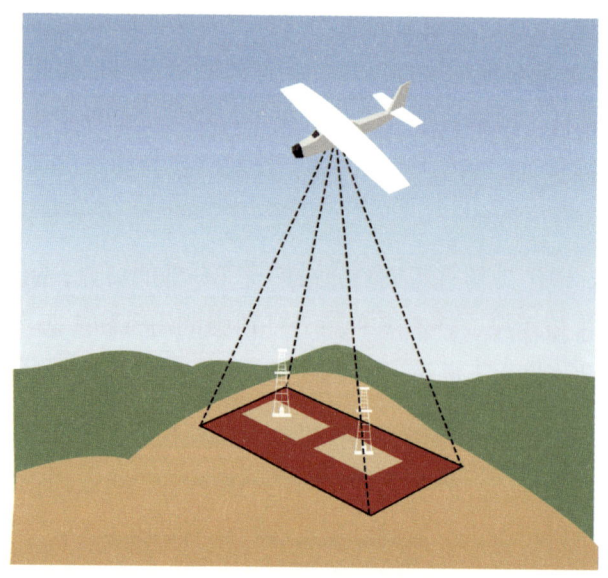

图 1.45 油气田环境监测

1.34 污染排放如何在线监测？

污染源在线监测是环境保护信息化的有效手段之一，通过对重点污染源排放状态的实时连续自动监测，及时、准确、全面地反映环境质量现状及发展趋势，为环境管理、污染源控制、环境规划、环境评价提供客观的科学依据，增强企业的守法自觉性，提高环保现场执法的现代化水平。

按监测对象不同，污染源在线监测可分为烟气（二氧化硫、氮氧化物、烟尘等）、污水（化学需氧量、氨氮、总有机碳、总磷、总氮等）、空气质量、噪声污染等类型。在线监测系统对企业所排放的污染物实施连续监测，实时采集和监测污染物排放，超标则自动报警。

污染源在线监测系统由污染源现场监控站点系统、数据传输系统、污染源监控中心、污染源在线远程监管系统等组成（图1.46），具有自动、实时和远程传输等优势。环境监管人员可在远程及时全面掌握污染源的排放情况，并根据异常报警情况，及时给出合理的整治措施，最大限度降低污染。污染源在线监测系统突破了传统人工监测的局限性，实现了污染防控的"无人值守"。

图 1.46　污染源在线监测系统

1.35　石油工业的绿色化学技术

绿色化学是当今国际化学研究的前沿，是 21 世纪化学工业可持续发展的基础，其主要思路是把化工生产传统的"先污染、后治理"方式转型为现代化的"从源头上根除污染"方式。发展绿色化学技术不仅能保护生态环境，充分利用资源，降低成本，而且也提高了企业的核心竞争力。在石油化工领域，绿色化学技术的应用主要集中在绿色催化剂、"原子经济性反应"新工艺、无毒无害溶剂三个方面。

石油加工中的烷基化工艺中用到的氢氟酸、硫酸、三氯化铝等液体酸催化剂，不仅腐蚀设备，对人体有危害，还产生污染环境的废渣。现在已从分子筛、杂多酸（一种兼具酸碱性和氧化还原性的双功能绿色催化剂）、超强酸等新催化材料中开发出固体酸烷基化催化剂，可以大大降低对设备的腐蚀和对环境的污染。

"原子经济性"于1991年提出，考察在化学反应过程中原子的利用率，即有多少原料的原子进入所需的产品中。理想的原子经济性反应要求原料中的原子100%转变成产品，不产生副产物或废物，实现废物的"零排放"。

目前，在某些有机原料的生产中，如丙烯氢甲酰化制丁醛、甲醇羰化制醋酸、乙烯或丙烯的聚合、丁二烯和氢氰酸合成己二腈等已采用原子经济性反应。还有一些基本有机原料的生产，已由过去的二步反应改成一步原子经济性反应，并已实现工业化。

当前化工生产广泛使用的溶剂多是挥发性有机化合物，会造成环境污染。采用无毒无害的溶剂代替挥发性有机化合物作为溶剂已成为绿色化学技术重要的研究方向，如开发无毒、不可燃、价格低廉的超临界流体（特别是超临界二氧化碳）和离子液体。离子液体是在常温下呈液态的离子化合物，这种液体里没有分子，只有阴离子和阳离子。离子液体易于操作，没有任何危害，是名副其实的绿色化学溶剂。另外，采用无溶剂的固相反应也是避免使用挥发性溶剂的一个研究方向。

1.36 什么是清洁生产？

对于工业社会所带来的污染，最开始采取的措施是"稀释排放"，20世纪中期，采取的措施为"末端治理"。20世纪

一 石油天然气工业的环境污染与治理

50—70年代，"末端治理"也显现出其"头痛医头、脚痛医脚"被动治理的局限性，既不能预防污染，也不能从根本上解决污染问题。1976年，无废工艺和无废生产国际研讨会在巴黎召开，清洁生产正式提出。

1989年，联合国环境规划署（UNEP）工业与环境中心提出了清洁生产的定义：将综合预防的环境策略，持续应用于生产过程和产品中，以便减少对人类和环境的风险。

清洁生产主要包括以下四个方面：（1）清洁能源。常规能源的合理利用、可再生能源的利用、新能源（无污染、少污染）的开发和节能技术的开发等。（2）清洁生产过程。不用或少用有毒有害原料和中间产品（用无污染、少污染的原材料替代毒性大、污染严重的原材料），回收利用原料和中间产品；不产生有毒有害的副产品和中间产品；采用高效率设备（消耗少、效率高、无污染和少污染），改进操作步骤，使生产过程排放的废物和污染物最少，物料利用率最高；加强工厂管理等。（3）清洁产品。产品本身无毒无害；产品在制造过程、使用过程及使用后，不危害人体健康和生态环境；产品寿命提高，使用后易于回收、再生和重复使用等。（4）低费高效处理。对于少量必须处理的污染物，采用低费用、高效率的处理设备进行最终的处理与处置。

1992年，在巴西里约热内卢召开的世界环境与发展大会上，清洁生产作为可持续发展战略的重要手段被列入《21世纪议程》。此后，许多国家和国际组织积极倡导清洁生产，强调在产品的生产过程中减少污染物的产生，"末端治理"仅作为一种辅助手段。图1.47是清洁生产与可持续发展模式图。

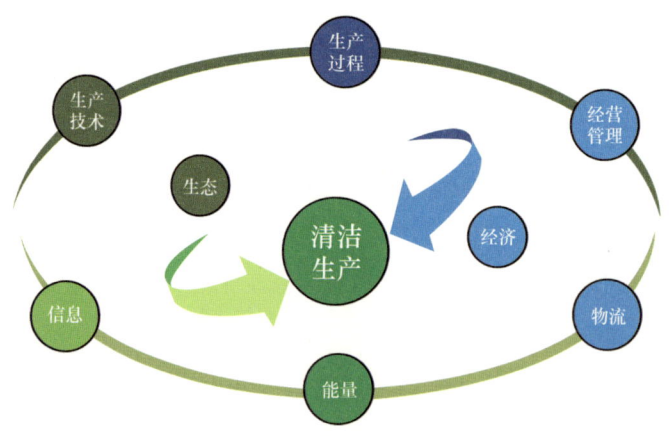

图 1.47　清洁生产与可持续发展模式图

1992 年，我国有关部门与联合国环境规划署工业与环境中心联合组织召开第一次国际清洁生产研讨会。会上，我国首次推出了《中国清洁生产行动计划（草案）》。1993 年，国家经济贸易委员会和国家环境保护局联合召开了第二次全国工业污染防治工作会议，会议明确提出了工业污染防治必须从单纯的末端治理向生产全过程治理转变，实行清洁生产。随后，我国有关行业、地方先后进行清洁生产试点，同世界银行、联合国环境规划署、联合国工业发展组织及美国联邦和州环境保护局等开展清洁生产合作项目。我国政府制定的《中国 21 世纪议程》中，将推行清洁生产作为一项重要内容，并作为实施可持续发展的一项重要措施。2002 年 6 月 29 日，《中华人民共和国清洁生产促进法》由第九届全国人民代表大会常务委员会第二十八次会议通过，并于 2003 年 1 月 1 日起施行。2021 年 10 月，国家发展改革委等十部门印发《"十四五"全国清洁生产推行方案》，明确了清洁生产的总体要求、主要任务、组织保障和推行路径。

1.37　石油石化行业怎样推行清洁生产？

石油石化行业在生产过程中会利用或产生多种有毒有害物质，如超标排放，会对环境产生污染。清洁生产是一种创新性生产方式，是可持续发展战略的重要组成部分。

清洁生产强调产品设计、原材料选择、工艺改进、废物处理等多个环节，重视通过生产技术的提升来实现资源利用率的提高，降低对环境的污染程度，更多的是以预防和综合利用为主的一种生产方式。清洁生产是实现企业长期可持续发展的新理念，通过工艺改进、设备更新、废物回收等方式，实现石油石化企业节能、降耗、减污、增效的最终目标（图1.48）。以某石化公司清洁生产为例，某两批清洁生产方案实施完成后，与之前相比，在总体生产能力扩大1/3的情况下，外排污水中化学需氧量（COD）下降了25%，污水中石油类污染物含量下降了49%。

图1.48 清洁生产的最终目标——节能、降耗、减污、增效

在清洁生产实践中，已经形成了一批清洁生产工艺技术，如利用含硫化氢气体制取硫黄、苯烷基化催化剂改用沸石替代三氯化铝、含硫污水汽提除氨技术和汽提净化水回用、火炬气回收利用技术等。

总体来说，我国清洁生产技术与国外先进水平之间还存在很大差距，清洁生产技术的水平还较低。开发的技术以单项技术为主，缺少针对某些产品生产全过程控制的集成化技术。

1.38 什么是循环经济？

循环经济即物质循环流动型经济，指在人、自然资源和科学技术的大系统内，在资源投入、企业生产、产品消费及其废弃的全过程中，把传统的依赖资源消耗的线性增长经济，转变为依靠生态型资源循环来发展的经济。

循环经济的基本思路是把人类社会的生产方式看成人类与自然界之间的物质能量交换，人类生产消费产生的废物，仍属于这种物质能量交换中的一个环节，因此废物也是另一种资源，并将作为资源被利用。废物的减量化、资源化、无害化处理，不仅能保护环境、消除污染，而且会成为资源保护、促进新兴产业发展的推进器。循环经济是把清洁生产和废物的综合利用融为一体的经济，本质上是一种生态经济，要求运用生态学规律来指导人类的经济活动。

20世纪80年代以来，污染综合控制作为一种新的环保方法，日益受到西方发达国家环境学界的关注，其特点是对各种形式的污染和各环境因子实行整体的、系统的控制，克服传统环保方法对污染进行分散的、个别的控制而忽略了各种形式的污染之间、各环境因子之间的联系和互动的缺陷。污染综合控制环保方法，就根源于循环经济的新理念，即把经济活动从"资源—产品—废物—末端治理"模式转型为"资源—产品和用品—再生资源"反馈式流程，所有的原料和能源都能在经济循环中得到合理的利用，从而将经济活动对自然资源的影响控制在最低限度（图1.49）。循环经济将传统的废物被动"末端处理"，代

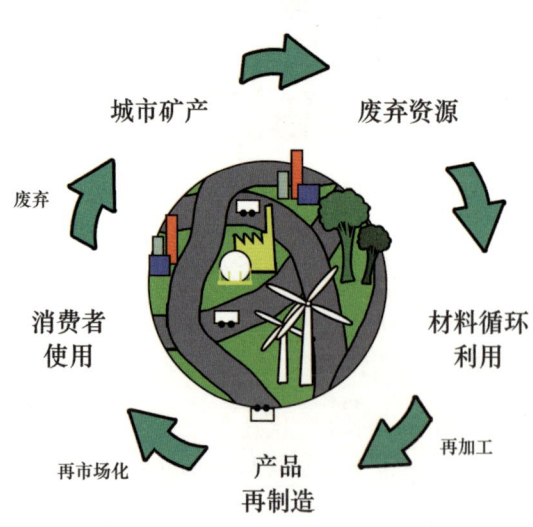

图1.49　污染综合控制的运行机制

之以在生产和消费的源头，控制废物产生的"管端预防"为主，配合废物回收再利用和减量化的方法，从而形成一整套系统的以避免废物产生为特征的机制。

循环经济遵循所谓的"3R"原则，即 Reduce、Reuse、Recycle，减量化、再利用、再循环。三个原则呈现递进性，在降低有害环境的资源进入经济活动、减少废物产生的基础上，加强产品的多次使用和反复使用。只有在再利用和再循环都无法进行时，才允许将废物进行最终的环境无害化处理。

循环经济的"3R"原则的排列是有科学顺序的。减量化属于输入端，旨在减少进入生产和消费流程的物质量；再利用属于过程，旨在延长产品和服务的时间；再循环属于输出端，旨在把废物再次资源化以减少最终处理量。

处理废物的优先顺序是避免产生—循环利用—最终处置。首先在生产源头就充分考虑节省资源、提高单位生产产品对资源的利用率、预防和减少废物的产生；其次是对于源头不能削减的污染物以及用户端的废物和淘汰品加以回收利用，使它们重新回到经济循环中。环境与发展协调的最高目标是实现从末端治理到源头控制、从减少废物到利用废物的质的飞跃，从根本上降低自然资源的消耗，减少环境负载的污染。

1.39　什么是能源转型和"双碳"目标？

能源是推动人类社会发展和进步的物质基础和最基本的驱动力，指可以产生热能、电能、光能和机械能等各种能量，或能够直接取得或者通过加工、转换而取得有用能量的各种资源的通称。按照能源性质，可分为燃料型能源和非燃料型能源；按照获得的方法，可分为一次能源和二次能源；根据能源消耗后是否造成环境污染，可分为污染型能源和清洁型能源；按再生性，分为可再生能源和非可再生能源等。

从人类掌握钻木取火起，薪柴、煤炭、石油曾经依次占据人类能量来源的主导地位（图1.50）。薪柴是人类第一代主体能源，薪柴时代人类生活、生产所用的能源几乎全部来自生物质的木材、秸秆。随着蒸汽机的发明，机械力开始大规模代替人力，低热值的薪柴已经不能满足能源需求，煤炭以其高热值、分布广的优点成为全球第一大能源。电磁感应现象的发现，又让世界由蒸汽时代跨入电气时代，煤炭被转换成更加便于输送和利用的二次能源——电能。以汽油和柴油为燃料的内燃机的出现，使石油以更高热值、更易运输等特点，于20世纪60年代取代了煤炭成为第三代主体能源。煤炭和石油因其来自古代动植物遗体而被称为化石能源，又因其燃烧后的污染物排放量和碳排放值都较高，而被列为非清洁能源。

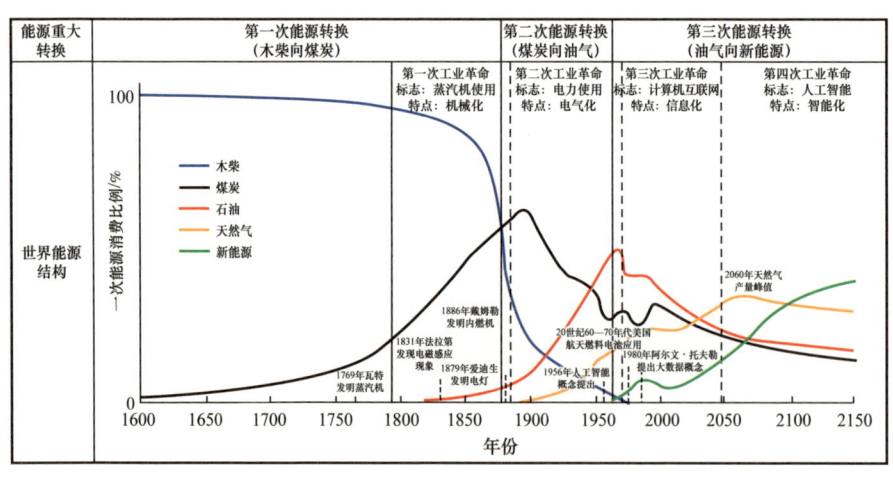

图1.50　世界科技发展与能源革命路线图（引自《新能源》）

自20世纪30年代以来，随着科学技术的进步，各类新能源开始投入使用，而化石能源带来资源短缺及环境污染的全球性危机，也进一步加快了新能源技术进步和实际应用速度，如太阳能、风能、放射能、生物质能、氢能等已经得到很快的发展。

能源的总生产量或总消费量中各类能源的构成及其比例关系称为能源结构，包括生产结构和消费结构。目前就全世界范围而言，石油在能源消费结构中占比居第一位，煤炭居第二位，天然气居第三位。在2020年全球能源生产结构中，石油、煤炭和天然气占比分别为30%、26%和23%，合计占到能源总供应量的近 80%。自工业革命以来，全球温室气体浓度持续上升，全球平均气温也随之升高。气候变化引起冰川融化、海平面上升，厄尔尼诺、台风等极端天气事件增多，引发强降雨、干旱、洪涝灾害、大型滑坡和泥石流等气候事件和地质灾害。这些全球气候问题的出现和恶化，与长期以来人类社会以化石能源为主的能源消费结构有很大关系。近年来，能源结构优化调整已经成为全球各国实现可持续发展的共识，世界能源正加快向多元化、清洁化、低碳化转型（图 1.51）。

图 1.51　清洁型能源比重增加

推动能源变革、构建新能源体系有赖于全球合作。国际上为了应对全球范围内的气候变化，开展了一系列的气候谈判，达成了相关协定。我国于 1998 年 5 月签署并于 2002 年 8 月核准了《京都议定书》，2005 年 2 月 16 日，《京都议定书》正式生效，成为首个对温室气体排放具有法律约束力的国际公约。我国又于 2016 年 4 月 22 日签署并于 2016 年 9 月 3 日批准加入《巴黎协定》。2016 年 11 月，《巴黎协定》正式生效。根据《巴黎协定》，期望在 2051 年至 2100 年之间全球达到碳中和，把全球平均气温较工业化前水平升高控制在 2℃之内，并为把升温控制在 1.5℃之内而努力。

2020 年 9 月 22 日，中国在第七十五届联合国大会一般性辩论上宣布，我国力争 2030 年前二氧化碳排放达到峰值，努力争取 2060 年前实现碳中和,这被称为"双碳"目标。碳中和已成全球共识,截至 2020 年底,全球已有 127 个国家提出碳中和目标或愿景。

> **小贴士**
>
> 简单来说,碳达峰就是二氧化碳排放达到峰值。我国承诺 2030 年前,二氧化碳的排放量达到峰值之后逐步降低。碳中和指人类活动在一定时间内直接或间接产生的二氧化碳或温室气体排放总量,通过植树造林、节能减排、二氧化碳捕获封存和利用等措施所抵消,实现二氧化碳相对"零排放"。

1.40　甲烷对大气污染及气候变化的影响与控制

甲烷是一种温室气体,它能吸收来自地面的长波辐射,使近地面层空气温度增高,造成温室效应。大气中的甲烷来源主要包括动物肠道发酵排气(28%)、水稻和其他农业生产(20%)、油气生产(18%)、城市固体废物(10%)、废水排放(8%)、煤炭开采(6%)、粪肥及其他生物质(9%)、固定和移动源(1%)。其中,动植物生命活动和农业生产约占甲烷排放量的一半,并且难以控制,而天然气由于自身的主要成分就是甲烷(85% 以上),因此控制其生产、储运和使用过程中的泄漏必将成为甲烷减排的重中之重(图 1.52)。

图 1.52　天然气的主要成分——甲烷

科学界对甲烷的温室效应的认知仍在不断深入。1990年联合国政府间气候变化专门委员会（IPCC）第一次评估报告（AR1）中指出，100年尺度内甲烷的全球增温潜势为二氧化碳的21倍。2021年8月，IPCC第六次评估报告（AR6）将100年尺度内甲烷的全球增温潜势从二氧化碳的21倍增加到29.8倍，调高了约42%。同时，IPCC AR6首次用一整章的篇幅专门讨论甲烷等短期温室气体的影响，指出当前甲烷浓度水平比过去80万年中的任何时候都要高，甲烷对全球变暖的贡献仅次于二氧化碳，对全球变暖的贡献约为17%。根据IPCC AR6，甲烷在大气中的平均生命期为11.8年，相同质量的甲烷与二氧化碳相比，20年间甲烷造成的变暖效应是二氧化碳的82.5倍。同时指出，废弃煤矿、农业、石油和天然气作业释放到大气中的甲烷在20年内对全球变暖的影响是二氧化碳的84倍。

《联合国气候变化框架公约》第二十六次缔约方大会（COP26）期间，美国与欧盟发起了由105个国家和地区共同签署的"全球甲烷承诺"，参与承诺的各方同意采取自愿行动，到2030年将全球甲烷排放量在2020年水平的基础上至少减少30%。联合国环境规划署（UNEP）、国际能源署（IEA）、气候与清洁空气联盟（CCAC）等国际组织积极响应，相关慈善机构同时还承诺提供资金用于支持扩大甲烷减排，欧洲复兴开发银行、欧洲投资银行和绿色气候基金也承诺通过技术援助和项目融资支持"全球甲烷承诺"。

尽管我国没有加入"全球甲烷承诺"，但实际上早已认识到"十四五"时期高质量发展面临着巨大的甲烷减排压力。我国"十四五"规划已明确提出，要加大甲烷等非二氧化碳温室气体管控力度。COP26期间，中美共同发布《中美关于在21世纪20年代强化气候行动的格拉斯哥联合宣言》，承诺两国将加强在甲烷减排领域的合作，争取在21世纪20年代控制和减少甲烷的排放。

甲烷检测和回收视频

二　石油天然气工业的安全生产问题

　　石油天然气工业作为国家的重点支柱行业之一，在我国的国民经济中起着举足轻重的作用，多年来，为国家建设作出了重大贡献。但与此同时，石油天然气行业又是高危行业，安全生产不容忽视，一旦发生事故，不但使企业蒙受巨大的经济损失，还会给社会带来不安定因素。石油天然气企业十分重视安全生产的重要性，注重安全投入，强化管理手段，确立安全机制，保障企业正常稳定运行，为企业创造更大的经济效益和社会效益。本篇将对石油天然气工业如何安全生产，以及常见的安全生产问题进行介绍。

2.1 石油天然气工业与安全生产

我国历来重视安全生产工作,早在1952年召开的第二次全国劳动保护会议上,就提出了"安全生产"的方针,明确了安全与生产的辩证统一关系,要求企业必须把关心生产与关心安全统一起来。国家相继制定了一系列重要的安全法规,把安全生产纳入法制管理。

石油勘探、钻井、采油等,涉及在各种艰苦险峻条件下的野外作业;石油天然气的储运、集输等涉及易燃易爆物品;石油天然气炼制和加工则更是涉及高温高压、有毒有害作业。石油天然气企业历来重视安全生产,牢固树立安全发展理念,提高行业安全标准,规范安全管理,把控安全风险。

安全管理涉及的内容很多,包括安全的法规管理、行政管理、监督管理、工艺技术管理、设备管理、劳动环境和劳动条件的管理(图2.1)。通过规范严格的安全管理,不仅要减少安全事故,减少人身伤害,而且要预防和控制事故,保障劳动者的身体健康,预防职业病;不仅要改善劳动环境和劳动条件,还要保护人们赖以生存的大环境不受污染破坏;生产出的产品不仅要满足一般使用的要求,还要节省资源,有利于生态平衡。

图2.1 安全管理之化学品管理

多年的经验告诉我们,事故发生的主要原因包括管理和监督不到位、安全管理意识匮乏、隐患排查和风险管理不到位等。石油天然气行业大力推行QHSE(质量、健康、安全、环保)管理体系,使得QHSE管理理念得以普及,并取得了好的成效。

同时,企业文化体系中必须增加安全管理的内容,坚持以人为本。企业的安全文化应当是安全观念和安全规范的综合体,一方面强化对人身价值的认同,一方面还包含对生命的保护。帮助员工树立安全意识,确保员工能从主观意识上进行自我保护,同时,加强安全生产相关的培训,不断提升员工的安全保护能力。

安全是进行生产经营活动的重要前提,为了安全生产,常常需要预先准备安全预案。安全预案实际就是安全事故应急预案,主要内容包括:(1)根据企业实际情况,找出可能存在的危险源,并进行监控。常见的危险源有高处坠落及物体打击、机械伤害、火灾、触电及中毒等,须采取监控预防措施。(2)在发生危险源时的紧急预警行动。接警人员接到报警后,应迅速向指挥部负责人报告,报告内容包括发生事故的单位、时间、地点、性质、类型、受伤人员情况、事故损失情况、需要的急救措施及到达现场的路线方式,指挥部启动应急预案,通知相关专业组赶赴现场,实施救援,并视情况向街道(地区)办事处上级管理部门报告。(3)信息报告与处置。(4)应急响应。(5)后期处置。(6)保障措施。

安全生产对石油天然气工业来说是最基本的,也是最根本的。一切生产都应以安全为前提,面对当下企业存在的安全生产问题,应积极采取对策,及时消除安全隐患和风险,降低安全事故发生频率。

2.2 井喷是什么？

图 2.2 迪那 2 井井喷现场

"井喷"这个词现在处处可见，股市突然上涨叫"井喷"，出国留学热叫"井喷"，就连我国加入世界贸易组织后大家排队买汽车也被认为是汽车市场的"井喷"。实际上"井喷"是石油钻井专业术语。地下的油气层，特别是气层往往有很高的压力，在钻井过程中，如果钻头钻进高压层段，当地层流体压力超过井筒内钻井液柱的静水压力时，高压的油气和水就会从井口喷涌出来，这就是井喷。如发生井喷失控，井口喷出的高压原油和天然气遇到井场用电设备的电火花或气流击破井架上的灯具，就可能引起冲天大火。严重的失控井喷可在几分钟内将几十米高的井架烧塌，还会引发周围火灾，造成人员伤亡。一旦发生井喷事故，结果往往是灾难性的。图 2.2 显示了迪那 2 井井喷现场。

井喷视频

2010 年 4 月 20 日，英国石油公司位于美国路易斯安那州附近的 Macondo 油井发生井喷事故，造成"深水地平线"钻井平台爆炸起火后沉没，并导致 11 名工人死亡。在事故发生后的 87 天里，破裂的油井向墨西哥湾泄漏了约 2.1 亿加仑的原油，成为历史上最严重的海上泄油事故。井喷产生的浮油蔓延近 6 万平方英里的海面，污染了约 4500 英里的海岸线，造成美国墨西哥湾沿岸地区严重的生态灾难。受污染海域的 656 类物种中，已造成大约 28 万只海鸟，数千只海獭、斑海豹、白头海雕等动物死亡，有 10 种动物面临生存威胁，3 种珍稀动物面临灭顶之灾。

在两伊战争中共有 8 座油井受损，每天约有 111.7 万升石油白白地流入海里，将波斯湾沿岸盖上一层厚厚的黏稠黑油，对此所有人都无能为力。伊朗和伊拉克两国政府被迫关闭了将海水淡化为饮用水的工厂,导致居民生活严重缺水。井喷事故中遭殃的野生动物包括海龟、海豚和海蛇,许多鱼类和海鸟也都死去。石油泄漏入海,并黏附在所有水中生物上。清理海滩也是一项长期又艰难的作业。世界野生动物基金会声称,波斯湾水域恢复正常需30年之久。

2003年12月23日,我国川东北气矿的罗家16H井,在钻遇高压、高产的天然气层时,由于没有及时用加重钻井液将高压气层涌出的天然气流压住,又没有按安全生产的规定作业,导致发生井喷事故,喷出的天然气高达30米,在距离井喷现场10千米的镇上,都能闻到浓浓的混有硫化物的天然气气味。由于喷出的天然气中硫化氢含量高达120克/米^3(是允许含量20毫克/米^{3}的600倍),有毒的硫化氢在附近弥漫(图2.3),造成244人死亡,3万人紧急疏散。这是我国石油工业史上最严重的一起井喷失控和人员伤亡事故。

图 2.3　罗家 16H 井大量含有高浓度硫化氢的天然气喷出扩散

2.3　如何防止井喷？

防止井喷的技术称为井控。井控技术是对油气井的压力控制技术,是一项系统工作，包括井控设计、井控装备、钻开油气层前的准备工作、钻开油气层和井控作业、防火与防硫化氢安全措施、井喷失控的处理和井控技术培训等多个方面内容。

防止井喷的原则是保持液柱压力略大于地层压力，首先就是要采用相应密度的钻井液，并注意防止因各种原因造成的钻井液密度下降。在实际工作中，由于地质情况、钻井条件、工艺措施等极为复杂，要实现油气井的压力控制，除了要有合理密度的钻井液等条件，还必须配备一套安全、可靠、有效的井口控制装置，以保障钻井的安全。

简单地讲，井口控制装置所起的作用是当发现溢流后，装置使钻杆外部与井壁形成空间封闭，给地层一个回压，重新建立一个平衡。与此同时，利用工具（单流阀等）将钻杆内部封闭，使油气不能侵入钻杆内部。当然为了后续处理工作的需要，这些封闭是可以控制的。钻井必须安装合格的防喷装置，防喷器、四通、控制系统等运往井场前均应进行试压，合格后方能运往井场。安装完毕后，还要再对整个系统试压，以保证各连接部位不渗不漏。

图 2.4 为井控装备概况示意图。

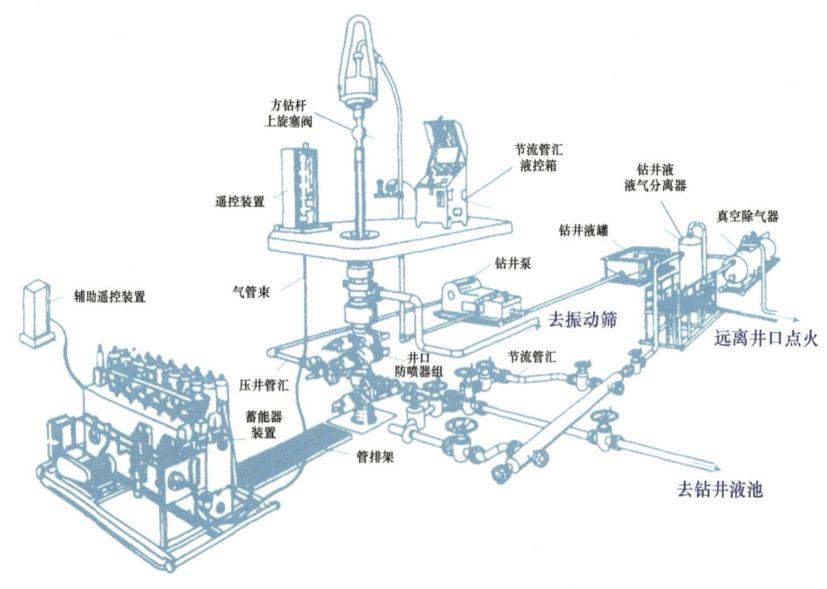

图 2.4　井控装备概况示意图

2.4 油品装卸与运输中如何防护静电？

玻璃棒和毛皮摩擦能产生静电，从而能使玻璃棒吸附碎纸屑，这一现象早在中学的物理课程中就为大家所熟知。这种静电现象一般不会对人类的生活产生影响，也不会产生任何危害，但是摩擦所产生的静电则可能导致容易挥发的油品在运输过程中发生火灾事故。

除了固体相互的摩擦可能产生静电，液体和固体、液体和液体之间的摩擦也会产生静电。石油或各种石油制品（油品）在管线中流动时，由于油品和钢管壁之间的摩擦，会使油品带电，而油品是绝缘体，这就必然导致电荷的积累。由于油品不导电，油品中的电荷分布是不均匀的，因此油品表面的电荷密度较大。当积累起来的电荷所形成的静电场具有足够大的电场强度时，就有可能导致静电荷放电。如果此时遇上已达到爆炸极限的可燃混合物，而放电的能量又足以使之点燃，就会引发火灾或爆炸。挥发的轻质油品与空气的混合物，只要有 0.12 卡（1 卡 =4.1868 焦）的能量，就足以被引燃，从而导致火灾或爆炸事故。

国内外由于静电放电而引起石油和油品火灾的案例并不少见。某炼油厂在向油槽车灌装汽油时发生特大火灾，造成人员伤亡和财物损失。在调查事故发生原因时发现，输油管线内油品的流速过快，导致油品与输油管壁的摩擦使油品中积聚大量电荷，由于没有专门的接地装置，大量积聚的电荷无法排出。而油槽车灌装口是敞开的，使容易挥发的汽油变成油蒸气，和空气结合形成了可燃混合物，输油管线中积聚的电荷放电的电火花遇到油蒸气与空气混合的可燃混合气体，导致火灾的发生。

油品在管线中的流动所产生的静电与流速有关，流速越快，所产生的电荷越多，发生静电放电的危险越大。因此装卸油品时流速不能太快，同时需要采用接地的措施，把积聚在油品中的电荷通过接地体导入大地，也可以用消静电器、缓和器来避免放电的危险。此外，还可在油品中加入有机酸金属盐类的抗静电剂。油品中只要有微量的有机酸金属盐类，就会增加油品的导电性能，从而使油品中积聚的电荷可以快速导出。

除此以外，在装油时，应把注油管尽可能地插至油槽的底部，避免从上部喷溅，因为喷溅出来的小油滴都带有电荷，它们会汇聚成带有大量电荷的、十分危险的电荷云。还需注意的是，不能用吹气鼓泡的方法来搅拌轻质油品，那样会使油料内产生并积聚大量的静电电荷，也是很不安全的。

装载油品的油槽车在公路上行驶时，导电的金属油槽和公路上架空的电线之间也会由于静电感应产生电荷，而在金属油槽内为防止油品膨胀通常并不会装满，因此在油槽车的顶部都有油品挥发物聚集的空间。如果油槽车在行驶过带电的架空线时，产生的感应电荷在油槽车内聚集，由于油槽车的橡胶轮胎是绝缘的，如果不及时将这些电荷导出，则极易发生火灾。因此，油槽车在行驶时，一般都用一根铁链将金属油槽接地，释放油槽车行驶过程中由于感应等原因所产生的电荷（图 2.5）。

图 2.5　石油及其制品在运输过程中的防静电措施

2.5　跑、冒、滴、漏危害知多少？

在石油化工厂林立的釜塔和纵横交错的管道内，不断进行着各种各样的化学反应及物料输送。这些物料呈气态或液态，有的易燃，有的易爆，有的还具有腐蚀性、渗透性和毒性。各种化学反应都在一定的压力和温度下进行，只要设备有微小缝隙，物料就会滴漏出来，如果处理不好，就会大量泄漏。此外，由于设备不良和操作人员失误等原因，常有跑料、冲料事故发生，造成大量的易燃、易爆物品扩散到空间和地面。当散发出的易燃、易爆气体与空气混合形成爆炸性物质时，一旦遇到火源，就能引起燃烧、爆炸事故。因此，在容易发生可燃、易爆物质泄漏的区域，要避免或减少引发火灾、爆炸的因素，关键是要制止一切可能引起火花的事件发生。

应制止一切车辆进入危险物品扩散区域，即使是消防车、抢险车、救护车等也不能直接进入，否则会因汽车排气管产生的火源而酿成火灾和爆炸事故。为了防止冲料、跑料时物料以很快的速度冲出产生静电从而引起火灾、爆炸事故发生，平时在设备上就应安装良好的排除静电设施（图2.6）。在一些危险品扩散区域内，工作人员不得带入火种，施救人员应着防静电服。

图 2.6　安装排除静电设施

目前，比较先进的智能检测系统可以采用图像分析、声音分析、温度分析等多种方法，检测油、水、气、蒸汽、烟、灰等各种现场生产设备的跑、冒、滴、漏，并能及时准确发出报警，有效提高油气生产过程中的安全风险管理能力和应急响应能力。对于高温高压管线（主蒸汽管线、再热蒸汽管道、供水管线等），重点检查焊缝、阀门、法兰、弯头、三通和取样管线等潜在泄漏部位，确保智能检测系统能够快速准确识别跑、冒、滴、漏。

有时，一些地方出现泄漏很难短时间内被发现，如大型油品储罐底板腐蚀泄漏，在不开罐的情况下难以被发现。针对这一问题，工程技术研究人员经过多年研究，形成了储罐底板声发射检测（图2.7）及储罐基础沉降检测技术，可以在不影响储罐运行状态的情况下进行检测，及时掌握储罐底板腐蚀和地基沉降情况，在有效保障被检储罐安全的同时，避免了大规模施工，消除了作业安全风险及清罐导致的环境污染。

> **小贴士**
>
> 储罐底板声发射检测技术原理：当储罐底板存在腐蚀缺陷时，材料强度降低，在液位作用下产生局部微小变形，导致腐蚀产物的剥离和脱落，产生声发射信号。当储罐底板发生泄漏时，介质流动会产生连续的声发射信号。储罐底板声发射在线检测通过安装在储罐外壁下部的传感器阵列接收由于储罐底板腐蚀或泄漏产生的声发射信号，然后根据 JB/T 10764—2007《无损检测 常压金属储罐声发射检测及评价方法》，通过信号分析对罐底结构进行腐蚀状况评价。

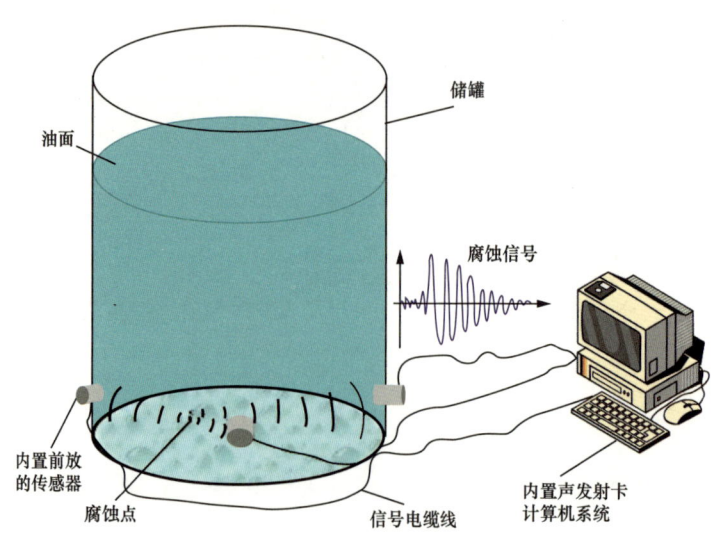

图2.7　储罐底板声发射检测示意图

2.6 石油化工企业安全生产的根本途径

石油化工装置的原料和产品多是易燃易爆的碳氢化合物，其中许多生产操作条件为连续性高温、高压。例如，炼油厂中催化裂化装置的反应温度一般为460~520℃；铂铼重整装置反应器入口温度一般为480~520℃，反应压力为15~20个大气压。这些生产操作条件使得火灾爆炸事故成为石化行业中最主要、最常见的风险。任何设计都不能使石化装置达到绝对的安全，任何措施也不可能将事故风险降低到零，只能通过对风险进行分析和研究及安全设计，采取有效措施使事故风险发生概率降到最低。

保证装置的安全生产一般通过两个途径：一方面依靠工程设计和管理手段来处理危险，另一方面从本质上消除危险。工程设计和管理手段是有效的，但要求增加投资，同时也不可能完全避免重大事故的发生，因而从本质上消除危险则是最合理的。

本质安全指固有的或内在的工艺过程中的安全性。本质安全取决于工艺物料的化学性、物理性、使用数量和使用条件。虽然不可能改变石油化工原料和产品易燃易爆的危险性，但可以通过控制其使用条件来减少或消除危险性。

目前，石油化学工业发展的一个明显趋势是安全、清洁、高效生产，其最终目标是将原材料全部转换为符合要求的最终产品，实现生产过程"零排放"。实现这一目标有两种途径：一是从化学反应本身着手，通过采用新的催化剂和合成路线来实现，即绿色化学技术；二是可以从化学工程出发，采用新的设备和技术，通过化工过程强化来实现（图2.8）。化工过程强化指能显著减小工厂和设备体积、高效节能、清洁、可持续发展的化工新技术。化工过程强化的概念是在1995年第一届化工过程强化国际会议上明确界定的，可分为强化设备和强化方法两个方面。过程强化设备即设备小型化，包括新型的反应器和单元操作设备；过程强化方法主要是化工过程集成化，包括化学反应与分离、换热、物质相变的集成、组合分离等，还有替代能源、超临界流体和离子液体、非定态操作等新技术。

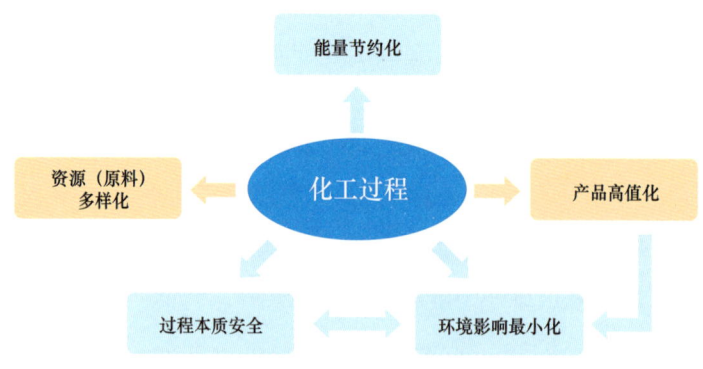

图 2.8　化工过程核心内涵示意图

工艺过程可通过化工过程强化，大幅度减少工厂体积、节省投资、降低能耗和减少环境污染。例如，醋酸甲酯工业生产原来需要 11 个操作单元才能完成的 7 个任务被集成在一个设备内完成，极大地减少了设备数量和工厂体积。

2.7　石油化工企业的消防知识

石油化工企业生产工艺复杂、装置连续、自动化程度较高，一旦发生火灾，蔓延速度快、燃烧时间长，存在爆炸的危险性、物料的腐蚀性，对火灾扑救中灭火剂的选择、安全防护、灭火方法等要求高，给扑救工作带来很多困难。因此，发生火灾时，必须调集大量的灭火力量和灭火装备，才能有效地控制火势和扑灭火灾。

石油化工企业火灾发展十分迅速，燃烧面积大，所以一定要以最快的速度确保充足的灭火力量进入火灾现场进行救援，抓住最佳救援时机。要坚持"以快制快、以多制大"的灭火救援战术，一次性把消防车辆、灭火剂、救援兵力等调往火灾现场（图2.9），同时还要确保增援力量的充足，而且要对长时间作战人员的轮流休息、灭火救援总路线及后期保障进行全面的分析和考虑。

图2.9 救火场景

在到达火灾现场之后，可以先用泡沫灭火器扑灭地面流淌火，还要利用泡沫灭火器在火灾现场周围沟槽进行喷射，避免火势进一步蔓延。与此同时，当装置的自我冷却系统发生事故时，要按照由下到上的顺序，首先冷却装置的重要部位，要充分利用化工企业内部的固定灭火设施，快速出水进行救援。水枪手在进行射水的过程中，要把水枪来回摆动，不能只是集中于某一点一直射水，避免由于冷却不均而致使有关装置产生变形。在冷却的过程中也不要直接把水喷入反应器内，避免水和其中的催化剂发生化学反应而造成火势扩大。例如，若是钢制罐体的温度达到500℃左右，那么它的强度就会下降过半；如果温度超过了1000℃，那么在15分钟之内就会出现坍塌。

为了可以有效应对这种高难度的火灾处置工作，还要充分引进先进的消防设施。当前，无论是国内还是国外都研发了许多先进设施来应对石油化工企业火灾，如灭火机器人、消防通信指挥车、消防坦克等（图2.10），并得到了广泛的推广和应用，不仅提高了救援的质量和效率，而且还使得石油化工企业火灾救援工作走向自动化和智能化。

图 2.10　消防坦克

由于火场环境各不相同，火情也是复杂多变的，因此，在对石油化工企业火灾进行处置的过程中一定要坚持具体问题具体分析，实事求是，对火场的动态状况进行实时掌握。仔细侦查火情的动态变化，然后制订具有针对性和具体性的救援方案。与此同时，相关的指挥人员一定要对各种救援措施能够灵活应用，并有全局观念，统筹兼顾，做出正确的判断，这样才能对火情进行有效控制，把火灾带来的危害降到最低。

2.8　石油化工厂动火需有证

石油化工厂是一级防火单位，在工厂里一般都明确划分出动火区和禁火区。在生产正常或不正常情况下，都要把有可能形成爆炸性混合物的场所和存在易燃、可燃物质的场所划为禁火区。在禁火区进行动火作业，直接关系到人身和国家财产的安危，所以石油化工厂实行严格的"动火证"制度。

施工单位在动火前必须要办理动火证（图 2.11）。认真填写动火证，明确动火的地点、时间、负责人、动火人、监火人。动火证必须由相应级别的审批人审批后才有效。审批人必须熟悉生产现场，有丰富的安全技术知识和实践经验，对每一处动火现场的情况了解深入、考虑周详。审批人在认真审核各项防火措施后，签发动火证。施工动火人及监火人应持证动火和监火。动火人要做到"三不动火"——没有动火证不动火，防火措施不落实不动火，监火人不在现场不动火。过期的动火证不能再用，须重新办理。

动火前，对动火设备要先吹扫、置换、清洗干净，进行可靠的隔离。对设备内的可燃气体及进罐作业的氧含量进行可靠分析。检查周围环境，有无泄漏点或敞口设备。对地沟、地漏、下水井进行有效的封

图2.11　动火作业前应办理动火证

挡。清楚动火点附近的可燃物，对环境空间进行测爆分析。有风天气采取措施，防止火星被风吹散。动火现场标注明显标志，并备足适用的消防器材。动火作业完毕后还要检查现场，灭绝火种。整个动火作业期间，监护人、抢救人员及医务人员都不得离开现场。

2.9　石油化工厂设备检修守规章

石油化工生产装置中有很多塔、釜、槽、罐、炉、器、烟囱、料仓等设备，在检修时往往需要进入设备作业。由于这类设备或设施内可能有残存的有毒有害物质、易燃易爆物质和令人窒息的物质，导致在施工过程中发生着火、爆炸、中毒和窒息事故。部分设备或设施内存在传动装置和电气照明系统，如果检修前没有彻底切断电源，或误操作电气系统，极易导致搅伤、触电等事故的发生。因此，石油化工企业实行严格的"进入设备作业制度"，对进入设备作业实行特殊的安全管理，以避免意外事故的发生。

进入设备作业前，必须办理进入设备作业证。该证由生产单位签发，由该单位的主要负责人签署。生产单位在对设备进行置换、清洗并进行可靠的隔离后，进行设备内可燃气体分析和氧含量分析。检修人员需凭进入设备作业证及由分析人员签字的分析合格单，进入设备内作业（图2.12），检修人员必须按照进入设备作业证上的规定进行作业。在进入设备内作业期间，生产单位和施工单位应有专人进行监护和救护，应在该设备外显著部位挂上"设备内有人作业"的警示牌。如果设备或设施中存在电动和照明设备时，必须切断电源，并挂上"有人检修、禁止合闸"的警示牌。

图2.12 严格执行"进入设备作业制度"

2.10 危险化学品是怎么爆炸的？

爆炸是物质在瞬间突然发生物理或化学变化，同时释放出大量气体和能量（光能、热能和机械能）并伴有巨大声音的现象（图2.13）。爆炸的主要特征是物质的状态或成分瞬间发生变化,能量突然释放,温度和压力骤然升高,产生强烈的冲击波并发出巨大的响声。常见的爆炸主要有物理爆炸和化学爆炸。

图 2.13　爆炸场景

物理爆炸是由物理变化(温度、体积和压力等因素)引起的,在爆炸的前后,爆炸物质的性质及化学成分均不改变。锅炉爆炸是典型的物理爆炸,其原因是过热的水迅速蒸发出大量蒸汽,使蒸汽压力不断提高,当压力超过锅炉的极限强度时,就会发生爆炸。又如,氧气钢瓶受热升温,引起气体压力升高,当压力超过钢瓶的极限强度时即发生爆炸。发生物理爆炸时,气体或蒸汽等介质潜藏的能量在瞬间释放出来,会造成巨大的破坏和伤害。上述物理爆炸是蒸汽和气体膨胀力作用的瞬时表现,它们的破坏性取决于蒸汽或气体的压力和体积。

化学爆炸是由化学变化造成的（图2.14）。化学爆炸的物质无论是可燃物质与空气的混合物，还是爆炸性物质（如炸药），都是一种相对不稳定的系统，在外界一定强度的能量作用下，能产生剧烈的放热反应，产生高温高压和冲击波，从而引起强烈的破坏作用。化学爆炸的反应速率非常快，爆炸反应一般在5~10秒完成，爆炸传播速度（简称爆速）一般为2000~9000米/秒。

图2.14 化学爆炸场景

危险化学品发生火灾时，会因为剧烈燃烧消耗大量氧气，在一个相对密闭的空间里这种消耗更为剧烈，因此当一个区域的氧气因为燃烧消耗殆尽时，由于空气流动，大量氧气进入燃烧区域就会出现恐怖的爆燃，这一空间会瞬间被大火吞噬，再加上该空间本身狭小封闭，就会发生爆炸。

> **小贴士**
>
> 爆燃是燃料迅速燃烧的现象，其反应区向未反应物质中推进速度小于未反应物质中的声速。爆燃由于发生在瞬间，加上火焰传播速度非常快，达每秒数百米至数千米，火焰的球状向四方传播，在百分之几秒至十分之几秒内燃尽，这就等于燃料同时被点燃，烟气容积突然增大，这样造成的烟气阻力也非常大，因来不及泄出而发生爆炸。

2.11　油库防雷击有绝招

雷电是雷云层互相接近或者雷云层接近大地时，感应出相反电荷，当电荷积聚到一定程度，产生云与云间及云与大地间的放电，同时发出光和声的现象。雷电可分为直击雷、感应雷（包括静电感应和电磁感应）和雷电侵入波三种。雷电让人们领略其雷霆万钧之气势时，往往还会带来灾害，如击穿电器设备的绝缘层，损坏电器设备和线路，造成大规模停电等。全世界每秒钟约发生100次闪电，是联合国在"国际减灾10年"中列为最严重的10种自然灾害之一。在闪电和雷击所引起的灾害事故中，较为危险的是引起油库的火灾。

油库防雷击是保障油库安全的重要措施之一。特别随着我国石油安全战略储备的加强，大型"石油库"陆续建成（图2.15），油库的雷害事故就更加值得特别关注。GB 50074—2014《石油库设计规范》中就专门对石油库的防雷安全设计标准做了强制性的规定。

图2.15 某石油储备基地示意图

油库预防雷击的措施一般是安装避雷针或者避雷网，用金属油罐代替非金属油罐。如1989年黄岛油库火灾（图2.16）后，黄岛油库的储油罐全部采用金属油罐。在油库区域，往往能够一览无遗地看到硕大的油罐，却看不到树木，这也是从预防雷击的角度来考虑的。高大的树木易受雷击，树梢周围的空气很容易被击穿而出现电火花，威胁油库的安全。

图2.16 罐区火灾现场图

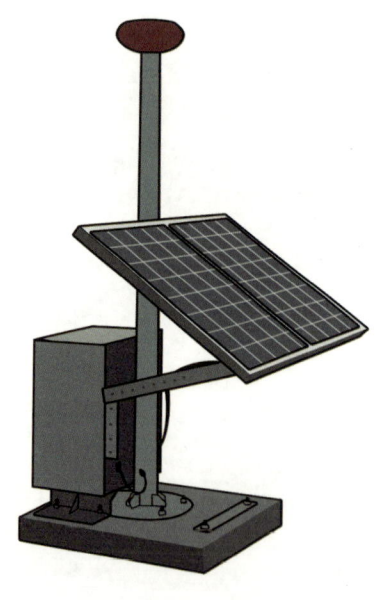

图2.17 雷电静电监测设备

针对大型储罐，需要系统性的雷电静电监测（图2.17）与防护手段，工程技术人员已新开发了储罐系统雷电静电监测与安全防护技术，与现有系统相配套，做到监测预警、检测报警、雷电静电防护、应急联动等防护一体化。初期火灾一旦出现，就会及时发出报警指令，联动应急消防泡沫系统，使初期火灾在最短时间内得以消除。

2.12 油罐泄漏的防范

油罐泄漏可以分为小孔泄漏和破裂两种类型。小孔泄漏一般是由于罐壁腐蚀引起的罐体穿孔，导致油品外泄（图2.18）。而破裂事故通常是由罐体发生脆性断裂或基础不均匀沉降引起的，罐体破裂会导致大量油品瞬时外泄。

油品泄漏后流到地面，将沿地面流向低洼处或人工边界，形成一个液池，若遇火源将形成池火。如果油品在地上

图2.18　某油罐泄漏现场

四处流淌，遇火源形成流淌火，引发大面积火灾的危害将更严重。如果池火发生在开放空气环境中，由于空气供应充足，燃烧比较完全，产生的有毒、有害气体和烟尘较少，人员可以自由地逃离火灾现场。如果池火发生在受限空间中，如室内，则燃烧不仅与燃料性质有关，还主要受到通风状况的影响。当通风不充分时，燃烧是不完全的，会产生大量的有毒、有害气体和烟尘，加之疏散通道有限、室内能见度低等原因，室内人员难以顺利地逃离火灾现场，极容易引发人员伤亡事故。

为了避免油罐泄漏事故的发生，开展油罐的完整性检测评价就显得非常重要。完整性检测主要包括罐底板声发射检测、漏磁检测、腐蚀检测、罐基础沉降检测及焊缝磁粉或渗透检测、真空试漏检测等，检测罐体材料是否有缺陷，罐体结构是否发生改变，并根据检测结果开展油罐的完整性评价，提出相应的对策措施（如开罐检修、补板补强等）。

2.13 什么是水击现象？

泵的突然停止、阀门的迅速关闭和开启、机泵运行不稳、不同流速的流

体突然相遇等，会造成管道内流体产生非定向流动，在流体中产生连续不断的压力交替升降现象，管道和设备发出冲击声，压力表指针摆动幅度很大，严重时发生猛烈振动并产生巨大冲击声，甚至会击裂管道，这种现象就是水击现象。水管、天然气输送管、输油管等都可能发生水击现象，有时在家里打开自来水龙头时，也会听到水击的声音（图2.19）。

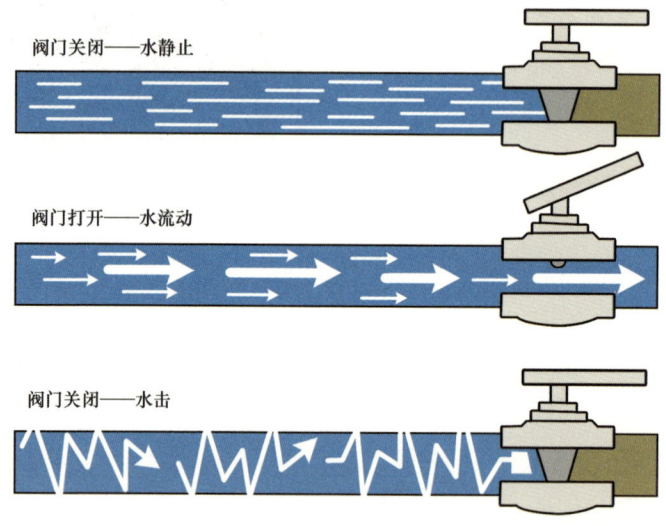

图2.19　不同阀门状态下管道内水的流动情况

水击发生时，会对管道及相连设备的安全产生危害。轻微的水击会使管线固定件松动，管道振动扭曲，使用寿命缩短；严重时发生剧烈振动而造成管道、阀门等设备的破裂损坏或发生泄漏，甚至可能导致阀门爆裂，造成跑料事故、停产事故甚至造成人员伤亡。因此，在管路设计和生产操作过程中都要尽可能避免水击现象的发生。可以通过在工程设计时合理选择管道的管径、管长和管线布局，在操作中延缓阀门的调节时间，设置缓冲减压阀，在管道上设置调压器、缓冲罐、泄压罐等措施。

水击现象视频

2.14 什么是回火？

回火指在气体燃烧时，当气体流速小于火焰传播速度时，火焰或其根部返回到管道、储罐或烧嘴里去的现象。回火会烧毁管线、储罐或烧嘴，严重的可能造成爆炸事故。一般采用安装阻火器来防止回火的发生（图2.20）。

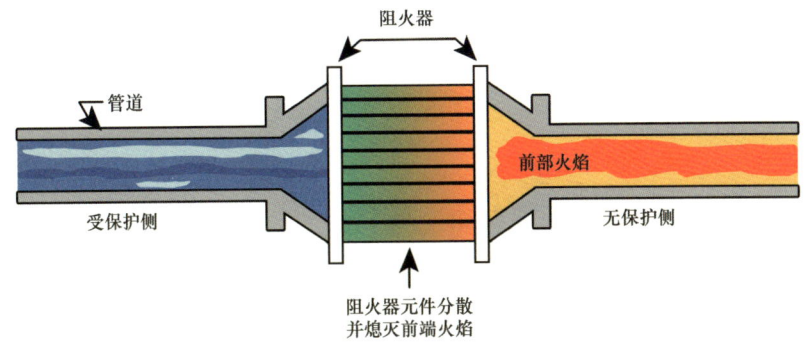

图2.20　阻火器工作原理图

管道直径对火焰传播速度有明显的影响。一般来说，火焰传播速度随着管道直径的增加而增加，但当达到某个极限直径时，速度就不增加了；同样，传播速度随着管道直径的减少而减少，在达到某一小的直径时，火焰就不能传播了。火焰通过狭小孔隙时，由于冷却作用使热损失突然增大而中止燃烧，阻火器就是根据这一原理制作的，它是专门防止回火时引起管道中气体燃烧的装置。

另一种防止回火的装置叫分子封（图2.21），是用于防止放空火炬回火的装置。当火炬处于停工或小流量工作时，连续从火炬总管补充比空气轻的氮气（或其他可燃气体），利用吹扫气的浮力在分子封内形成一个压力高于大气压的区域，这样使火炬外面的空气不能进入压力较高的火炬内部，从而阻止了火炬头部燃烧着的火焰倒灌及发生内部爆炸事故。

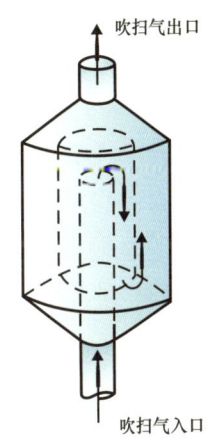

图2.21　分子封结构示意图

2.15 给油气输送管道及罐车点颜色

大家可能见过气瓶,有没有发现气瓶有不同的颜色?例如,气焊所用氢气瓶的外表面为深绿色,气焊和医院用的氧气瓶外表面为天蓝色,氨气瓶外表面为黄色等。在石油化工厂,也会看到许多涂不同颜色的管线(图 2.22)。给管线涂上不同颜色和给气瓶涂上不同颜色的目的都一样,就是为了在外观上识别出各个管线或者气瓶的类型,避免在使用、运输、操作和检验时因混淆而发生事故。

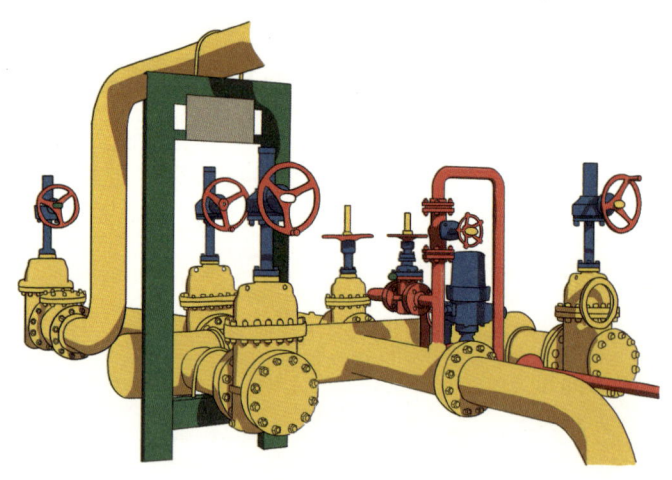

图 2.22　不同颜色及用途的管线

如果看到深灰色管线,那是输运重油的管线,银白色的管线是用来输运轻油或者可燃性气体(瓦斯),深绿色的是输运水的管线,浅灰色的是输运蒸汽的管线,正黄色的是输运酸碱的管线,橘黄色的是输运氨的管线,深蓝色的是输运氢气的管线,天蓝色的是输运压缩空气、氧气的管线,棕红色的是消防线、紧急放空线。管道的这些涂色都是按照国家的统一规定执行的,不能随意更改。另外,运输油料和化学制品罐车的颜色也与所装载的物品有关,银白色的罐车装载轻质油,而黄色的罐车则装载重质油、石油。

2.16 海上油轮安全防患于未然

现在世界上大约有2000艘油轮在海上穿梭航行,这些油轮在获得巨大经济效益的同时,也对海洋环境和海洋运输安全造成巨大的威胁(图2.23)。1987年12月21日,满载乘客前往马尼拉去度圣诞节假期的菲律宾渡船"多纳·帕斯"号,在凌晨的黑暗中与油轮"维克多"号相撞。两船爆炸起火,几乎同时沉了下去。至今也没有人知道那天夜里有多少乘客死亡。"多纳·帕斯"号乘客名单上约有1550人,但船由于超载,实际人数比这个数目要多得多,有人认为可能有4000人。"多纳·帕斯"号失事,是世界上发生过的最悲惨的航运事故之一。

图2.23 油轮

在这些油轮中,单壳油轮的危险性更大,根据统计,单壳油轮的失事率比双壳油轮高出5倍。2002年11月在西班牙附近海域沉没的"威望"号,1999年在法国附近海域沉没的"埃丽卡"号,1993年漏出8.5万吨石油的"布雷尔"号,以及1992年在西班牙海面漏出7.4万吨原油的"爱琴海"号,均为单壳油轮。有专家认为,每天游弋在大海上的单壳油轮就像移动的"定时炸弹",随时都有可能给某一个地区带来几十亿美元的损失,以及长达几十年的生态环境灾难。

由于惨痛的教训,欧洲首先开始向单壳油轮说"不"。1999年的"埃丽卡"号油轮沉没事件引发了淘汰单壳油轮的提议,这次事故使法国海岸遭遇了严重污染。随后,比利时、法国、德国联合提案,主张分期淘汰单壳油轮。为了防止欧盟海域发生意外事故,欧盟于2000年规定:建造25年以上的油轮都不得进入欧洲水域。2002年11月"威望"号事故后,欧盟15国交通部部长在2003年3月27日一致同意禁用单壳油轮运输重油,以免"威望"号油轮原油泄漏悲剧的重演。欧盟15国交通部部长理事会还同意禁止使用所有船龄在23年以上的单壳油轮,并在2010年之前完全禁止单壳油轮的使用。根据国际海洋组织的有关规定,1973年以前建造的单壳油轮必须在2007年前报废退役,以后建造的符合防污染标准的单壳油轮也要在2015年前退役。

2.17 偷盗油气危害大

输油、输气管道的安全管理在各国都是一个突出问题。截至2020年底,我国境内建成油气长输管道累计达到14.4万千米。随着管道的老化,在农村等经济欠发达地区,盗油盗气现象时有发生,直接威胁管道的安全运行,大大提高了管道维护成本和风险(图2.24)。新闻媒体就曾报道我国某些地区的居民偷盗管线天然气,并用塑料袋灌装回去作家用燃料,给当地带来很大

图2.24 盗油现象

的安全隐患。1996年8月9日8时30分，中原油田河南濮阳至汤阴输油管线内黄县城关镇西长固段，因犯罪分子钻孔窃油，200余人哄抢泄漏的汽油，导致发生火灾，造成40人死亡、57人受伤。大火一再告诫人们，输油、输气管道线附近居民一定要爱护管道，发生泄漏时一定要及时报警，切莫哄抢、捞油，更要严厉禁止和打击各种破坏管线、偷盗油气的行为。

尼日利亚是非洲最大的石油生产国和石油输出国。在1998年10月18日，尼日利亚南部石油重镇瓦里附近一个住有2000多位居民的小镇阿帕沃尔发生严重的输油管道泄漏火灾，造成约1000人丧生。事故原因是从镇上穿过的一条输油管道破裂，附近数百名村民闻讯后蜂拥而至，争抢流淌出来的石油。此时，有辆摩托车驶过引起火灾，造成捞取石油的人们大多在火海中丧生。但当地人们并没有从中吸取教训。自2000年开始，又发生了多起偷油事故，造成了近千人的伤亡，这些事故都是由于偷油者凿破输油管道，使大量石油泄漏而引起的。尼日利亚输油管道的安全管理一直是让该国政府头疼的一大难题。

2.18 地质灾害会诱发储油罐大火吗？

地质灾害也会诱发储油罐大火。1999年8月17日凌晨，土耳其发生7.4级地震。这次地震共死亡12018人，失踪35000人，受伤33515人，共有7个地区受灾，其中损失最大、伤亡最多的地区是伊兹米特地区，地震引起的火灾产生的损失最严重。当地的蒂普拉什炼油厂共有30个大型储油罐，地震诱发了其中7个储油罐发生火灾（图2.25）。在当地消防队与希腊、加拿大、挪威和日本等19个国家1300人的救援下，大火燃烧了三天三夜后才被扑灭。但是扑灭后的次日，储油罐的废墟上死灰复燃，熊熊大火又燃烧起来。当地消防队同国际救援队为了防止大火殃及城市，只好又重新部署消防力量，投入灭火行动。

图 2.25 储油罐火灾及扑救

在此次地震中,蒂普拉什炼油厂及其所在地区伊兹米特共死亡 5179 人、受伤 14718 人,是土耳其地震死伤人数最多的灾区。这家年处理 1150 万吨石油的炼油厂,在地震后化为废墟。土耳其政府原计划在当年第四季度将该公司 15%~17% 的股份卖出,预计可获得 7.26 亿美元的财政收入,地震后不仅财政上收不到一分钱,而且重建该厂费用高达 25 亿美元。

2.19 历史上有哪些重大油气爆炸火灾事故?

1947 年 4 月 16 日 9 时 12 分,一艘停泊在美国南部得克萨斯州西基化学城港内的货船"格拉肯"号发生爆炸。该船载有 2300 吨硝酸铵化肥,烈火焚烧了三天三夜,西基城有 1/3 的街区成了一片废墟,3/4 的化工企业被葬送,1500 人陈尸街头和港湾。

1971 年 12 月 25 日,韩国汉城(今首尔)大然阁饭店液化石油气爆炸发生火灾,大火从第二层的咖啡间燃起。不多时,整幢高 21 层的大楼便充满了浓烟。失火时,共有旅客 226 人、员工 70 人滞留在大楼内,采用直升机救出 6 人,死亡 163 人,受伤 15 人。

二 石油天然气工业的安全生产问题

1984年11月19日，墨西哥城北郊一个人口密集的住宅区里，一辆运送液化石油气的槽车突然爆炸，接着又引爆了10多个储气罐。300多万加仑液化石油气猛烈燃烧，火焰高达200多米，附近的80多幢居民楼均被烧毁，火灾区烧毁面积27万平方米，544人死亡，1800多人受伤，35万人流离失所，120万人被迫离开危险区。

1989年6月，苏联乌拉尔铁路线旁边的液化石油气管道破裂泄漏，正值两列客车会车时发生爆炸火灾，死亡600人，受伤2000人。

1991年1月17日至2月26日，历时42天的海湾战争，最后以科威特油田大火而结束。当时科威特共有油井900多口，其中727口油井被点燃。为扑救油井大火，战后，科威特政府邀请了包括中国在内的10个国家27支灭火队，历时4个月才把大火扑灭。仅救火费用就耗资21亿美元。死于战争与油井大火者数以千计。

1992年4月22日，墨西哥第一大城市瓜达拉哈拉发生可燃气体大爆炸，爆炸延续72小时，致使190人丧生，1470人受伤，1124幢房屋被毁，600辆汽车被焚。火灾是一些企业把易燃易爆物质排放到城市下水道系统而引起的。

1994年11月2日，埃及艾斯龙特市石油基地储油罐区遭受雷击起火，死亡500人。该储油罐区储有石油1.5万吨，距居民区200米。但储油罐区地势较高，火灾后，燃烧着的石油顺水流下而燃成火海。

2010年7月16日，我国大连市大连湾附近输油管道发生爆炸，引发大火并造成大量原油泄漏，导致部分原油、管道和设备烧损，另有部分泄漏原油流入附近海域造成污染。事故造成作业人员1人轻伤、1人失踪。在灭火过程中，消防战士1人牺牲、1人重伤。据统计，事故造成的直接财产损失为2.23亿元人民币。

2013年11月22日上午10时25分，位于青岛市经济技术开发区秦皇岛路与斋堂岛街交叉口处的东黄输油管道原油泄漏现场发生爆炸，造成62人遇难、136人受伤，直接经济损失75172万元人民币。

2.20 海上油井事故知多少？

1896年，美国人以栈桥连陆方式在加利福尼亚距海岸200多米处打出了第一口海上油井，标志着海洋石油工业的诞生。至20世纪80年代中期，海洋石油产量已占世界石油产量的1/3。我国大陆近海也是世界公认的海洋石油最丰富的区域之一，2005年渤海油田建成年产原油2000万吨的大型海洋油田。随着全球范围大规模海洋石油的开发，海上油井事故不可避免地发生（图2.26）。这些油井事故不仅造成生命和财产的损失，还使海洋环境面临巨大威胁。

图2.26 海上采油平台火灾图

1969年1月，美国加利福尼亚的圣巴巴拉湾井喷12天，漏油1.3万吨。

1977年4月22日，挪威埃科菲克油田的布拉沃油井发生井喷，8天漏油2.8万吨。

1979年6月3日，墨西哥湾尤卡坦半岛海岸外的伊克斯托克的油井发生喷油事故。关闭油流的种种努力均告失败，油井失去控制。到8月初，一条

二　石油天然气工业的安全生产问题

长640千米的黏稠原油膜向北漂往美国得克萨斯州东南海岸。在这起严重的喷油事故中，约有8亿升油被喷出。

1979年11月25日，在中国渤海湾钻探海底石油的"渤海2号"钻井船，由拖轮拖带迁移井位航行途中遇10级狂风导致倾覆沉没。"渤海2号"钻井船翻沉后，全船74名职工，除2人得救外，其余72人全部遇难。直接经济损失3735万元，制造了中国海洋采油史上特大死亡事故。

1988年7月6日晚9时31分，西方石油公司位于英国北海的"帕玻尔·阿尔法"采油平台发生爆炸火灾，死亡160余人，受伤20人。

2001年3月15日凌晨，巴西石油公司在里约热内卢州坎普斯湾海上油田作业的P-36号平台发生爆炸，2人当场死亡，1人重伤，9人失踪。20日，钻井平台沉没，造成了巨大的经济损失，仅事故造成的油井停产就使巴西每天损失300多万美元。这次事故迫使巴西增加石油进口，导致贸易赤字增加，使巴西实现石油自给的目标推迟。

2009年8月21日，澳大利亚西部金伯利海岸以北约250千米的"西阿特拉斯"海上钻井平台发生井喷事故，爆裂处大约深3500米。由于爆炸引起的原油泄漏事故，每日有多达2000桶原油流入大海，造成海面的油层已超过8海里长，油污范围最少达到1.5万平方千米。

2010年4月20日，位于美国墨西哥湾的"深水地平线"油井爆炸起火，36小时后，平台沉没。4月24日马康多油井发生原油泄漏，持续至7月15日，在9月19日正式封井，事故造成11名工作人员死亡，17人受伤。

三　日常生活中的油气安全环保

日常生活中，我们离不开油气及相关产品，如做饭需要使用天然气或液化石油气，开汽车需要汽油，使用农用机具需要柴油等，我们的生活与油气密切相关。本篇将走进日常生活，介绍大家身边与油气安全环保相关的小知识。

3.1 石油的危险特性

石油是一种黏稠的、深褐色液体,被称为"工业的血液"(图 3.1),其是烷烃、环烷烃、芳香烃等多种成分的混合物,是一种易燃、易爆物质,具有五种易发火灾的特性。

易燃。石油产品尤其是轻质石油产品,很容易挥发,1 千克汽油大约可以蒸发为 0.4 立方米的汽油蒸气。往往是密度越小的油品蒸发得越快,在空气中着火的温度(闪点)也越低,因此火灾危险性也越大。

易爆。石油蒸气与空气的混合气浓度达到一定值时,遇火即能爆炸,且爆炸范围很大。爆炸浓度下限越低的油品,发生爆炸的危险性越大。如汽油的爆炸下限浓度(体积分数)一般在 1.58%~6.48% 之间。当空气中汽油蒸气浓度达到 3% 时,爆炸所产生的压力可达 8.18 千克力/厘米^2,相当于标准大气压的 8 倍。

易产生静电。石油产品的电阻率一般为 10⁹~10¹⁶ 欧·米,当其沿着管道流动与管壁摩擦或在运输过程中受到震荡,与车、船、罐壁冲击时都会产生静电。静电的危害主要是静电放电,如静电放电产生的电火花能量达到或大于油品蒸气的最小点火能量时,就会立即引起燃烧和爆炸。

易沸腾突溢。储存重质油品的油罐着火后,可能会引起油品沸腾突溢。燃烧的油品大量外溢,甚至从罐中猛烈地喷出,形成巨大的火柱,火柱可高

图 3.1 石油

达70~80米，顺风方向喷射距离可达120米左右。燃烧的油罐一旦发生突溢现象，不仅会造成扑救人员的伤亡，而且由于火场上的辐射热大量增加，容易直接延烧邻近的油罐，扩大灾情。

受热膨胀。 各种石油制品（如汽油、煤油、柴油）的体积，是随着温度的升高而膨胀的。如汽油温度每增加37.8℃，其体积就膨胀6%，同时，蒸气压增高。因此，储存汽油的密封油桶，一方面，如果靠近高温或日光曝晒，受热膨胀，桶内压力增加，会造成容器的膨胀。在火灾现场附近的油桶受到火焰辐射和高热时，如不及时冷却，可能会因膨胀爆裂增加火势，扩大灾害范围。另一方面，当容器内热油被冷却时，又会造成油品体积收缩，容器可能被大气压压坏。这种热胀冷缩的现象易损坏储存容器，造成漏油现象。

3.2 怎样正确安全使用燃气灶？

家庭使用的燃气主要有煤气、液化石油气和天然气，是比煤、炭和木材清洁且使用方便的燃料。

煤气是用煤或焦炭等固体原料经干馏或气化制得的，其主要成分是一氧化碳、甲烷和少量氢气。煤气因一氧化碳含量高而有毒，并易与空气形成爆炸性混合物。

液化石油气（LPG）是提炼汽油、煤油、柴油、重油过程中剩下的尾气，加压使其变成液体，装在承压容器内，液化石油气的名称即由此而来。液化石油气的主要成分是乙烯、乙烷、丙烯、丙烷和丁烷，在气瓶内的压力状态下呈液态，一旦流出，会汽化成比原体积约大250倍的气体，并极易扩散（图3.2），遇到明火就会燃烧或爆炸。

图3.2 液化石油气流出

天然气的主要成分是甲烷，成分较单一，是较好的燃料，但也是易燃、易爆气体。

许多燃气灶采用了电子点火装置，但还有一些老式的燃气灶具需要用打火机或火柴去点火。这种燃气灶具的正确点火方法应该如下：划着火柴，将燃气开关打开至最大，点燃后再根据用火的需要调整气量以控制火焰大小，这就是"火等气"点火方法。有些人先打开开关再点火，这是非常危险的。因为开关打开后，燃气迅速逸出，在空气中达到一定浓度，一遇明火就会燃烧。另外，关闭燃气灶，燃气旋钮一定要旋到将气路完全关断的位置，即旋钮要旋至竖直位置后被里面的弹簧弹起。如果旋钮未被弹起，火可能灭了，但气路未完全关断，少量的燃气还会缓缓流出，这是很不安全的。

3.3　天然气系统漏气怎么办？

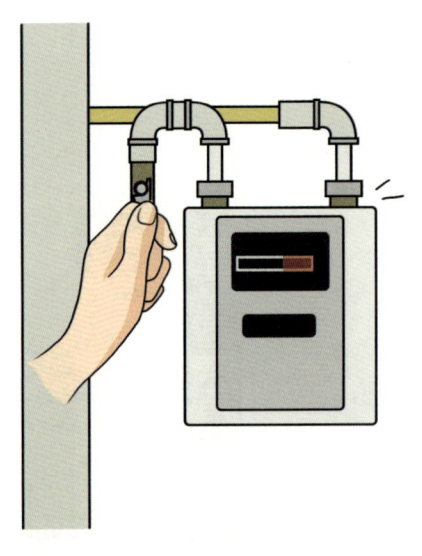

图 3.3　天然气系统漏气

天然气的主要成分是甲烷，相对于煤气和液化气，是一种绿色燃料，但也是一种易燃、易爆气体。因此，使用时要特别小心，要防止天然气系统漏气（图3.3）。

天然气系统漏气是非常危险的，通常会在民用天然气中加入少量臭味剂（四氢噻吩），当闻到有臭鸡蛋味或汽油味时表明有漏气的地方。此时一定要特别小心，不能动火，不能开关电门，不能吸烟或用铁器相互敲打，不能穿着带有铁钉的鞋进入，不能打手机，总之防止一切火花产生。此时应立即打开厨房门窗进行自然通风

（注意：此时不可打开排风扇强制通风，以免电动机开关和启动时产生的火花引起天然气着火），以降低厨房内泄漏的天然气浓度，同时用肥皂水在可能漏气的部位进行试验。试验地方若产生气泡，表明此处漏气，此时应首先关闭进气阀门。漏气点无法自行修理时，应立即通知天然气管理部门进行修理。对天然气系统检漏，绝不允许使用火柴点火的方法去检查（图3.4），这样做是很危险的，其后果不堪设想。

图3.4 禁止用点火的方法进行天然气系统检漏

为了防止天然气系统漏气，平时要好好地维护天然气设备。家用天然气各个设备之间的距离均按标准规定的间距进行安装，不可随意变动，更不允许用户私自改动和拆卸。不应在气管上晾晒湿抹布或衣物，更不应在天然气管道上和气表之下悬挂重物，以防止管道受力，造成接口处漏气。同时也不要把天线或地线接在气管上，这样可能产生电火花，易引起爆炸。天然气灶具应注意日常维护，发现问题及时消除，各种开关应轻开轻关（图3.5），滑动自如，不可强行扭动，防止断裂。

图3.5 轻开轻关天然气灶具开关

3.4 为什么不能用塑料桶装汽油？

用塑料桶装汽油发生燃烧或爆炸事故，近年来屡见不鲜。为什么用塑料桶装汽油会发生燃烧或爆炸呢？

这是因为塑料桶是采用聚乙烯、聚氯乙烯等高分子绝缘材料做成的。而汽油属于一级甲类易燃液体，其闪点小于28℃，爆炸下限体积浓度小于10%。用塑料桶装汽油，在灌装、倒出或振动过程中，汽油与塑料桶壁互相摩擦，会产生静电。实践证明，用一个125升的塑料桶装满汽油，在倒出时，汽油在流量大、流速快的情况下，可能产生2000伏以上的电位差。当积聚的电荷达到一定数值，就可能放电产生静电火花，引燃汽油或汽油与空气的混合气体，发生燃烧或爆炸。因此为了安全，不要用塑料桶装汽油（图3.6）。

图3.6 严禁用塑料容器灌装汽油标志图

3.5 灌装汽油时需要注意什么？

在灌装类似汽油等易燃液体过程中，都要考虑静电的消除问题。静电是一种看不见、摸不着的东西。从生活实践中知道，不导电的物体在相互摩擦时会产生静电，这种静电压达到几百伏、几千伏，甚至上万伏。带有静电的物体、人体，在一定条件下就可放电产生电火花。这种电火花的能量很小，人们一般感受不到，但是，许多危险物品遇到这种电火花就有可能燃烧、爆炸。因此，凡是用管道输送易燃、可燃液体时，应严格控制流速，不可太快，最好采取接地措施，如果使用塑料管更应注意。用铁桶灌装汽油等易燃、可燃液体时，应让铁桶等与大地直接接触，因摩擦而产生的静电可以导入地下。减少液面冲击产生静电，把灌装软管或铁管插到容器的底部或使易燃液体沿器壁淌下。还可在汽油中掺入一些其他物质，如0.05%的脂酸镁或2%的醋酸，以增加汽油的电导率。在危险场所工作的人员尽量不穿化纤服装，容易产生静电的机器设备应有良好的接地措施。

3.6 家庭储存柴油应注意什么？

现在我国农村家庭储存柴油的现象十分常见，尤其是有农用车辆的家庭。提起柴油，人们往往认为它闪点高，火灾危险性小，一般不会爆炸，因此不重视其储藏和使用的安全。但是，在现实生活中，因柴油引起的火灾、爆炸事故经常发生。1983年初，江苏省常熟县古里公社一户社员在倒柴油时，因天气寒冷，桶内柴油凝固，便用明火直接烘烤加热（图3.7）。"轰"的一声巨响，油桶爆炸，带火的柴油向外喷出，当场烧死4人，还有多人受伤。

图3.7 严禁用明火加热柴油

有些生产不规范的小炼油厂炼制的柴油，成分不符合标准，组分复杂，往往混有轻质油的成分。这些物质易挥发成气体，一旦遇到明火就会燃烧，达到爆炸极限引发爆炸。

大多数情况是使用铁桶来储存柴油，存放不当也易造成事故。如在高温下，特别是在夏季，柴油受热汽化，体积膨胀达到一定极限也会发生爆炸。

另外，违规操作也是引起火灾、爆炸事故的原因之一。柴油的闪点在

65℃以上，沸点在350℃以下，遇明火不像汽油那样"一触即发"。但是，如果接触高温的时间较长，或经明火点燃，它也会很快着火。如在夜晚加油时，使用明火照明是危险的。

柴油的凝固点比较高，温度稍低就呈黏稠状，不易从容器内倒出。柴油的标号表明了它的适用温度范围。例如，0号柴油只适宜在高于0℃的环境下使用；-10号柴油只适宜在高于-10℃的环境下使用。当环境温度低于这一数值时，它就凝固，特别是在柴油中含有水分或含蜡量高时，尤其容易凝固。因此，在低温下使用、灌装柴油时，常常要升温使其熔化。升温时，一部分柴油受热熔化以至汽化，体积膨胀，而其余部分仍然凝固，膨胀受到限制，就可能发生爆炸。冬天气温低时，人们往往使用明火加热、烘烤车辆的油箱，这些都可能引发事故。

为了防止柴油发生火灾和爆炸，在购买柴油时，不要贪便宜到小炼油厂、个体炼油点去购买，而应到正规的炼油厂或加油站去购买。在冬季气温低、柴油凝固时，不要用明火加热，宜用热水加热使其熔化。在使用、储存柴油场所，禁止使用明火，不能接触高温，不宜露天存放，更不能在烈日下曝晒。

3.7 加油站内为什么要禁止拨打手机？

2007年11月19日凌晨，巴西圣保罗市区一加油站因加油站员工接卸油品时接听手机发生爆炸事故，事故造成一名接卸员工3/4的皮肤严重烧伤。据当地警方调查，爆炸原因为接听手机时，手机内电流产生的火花引燃油气。

手机正常待机时，内部电流只有8~10毫安，当接打电话时，包括射频天线、听筒话筒、背景灯等都处于工作状态，手机内部的电流可能增大至2~2.5安，并可能会产生电火花。当接触到加油站浓密的易燃气体分子时，容易引起火灾甚至爆炸。因此，加油站内禁止拨打手机（图3.8）。

图 3.8 严禁在加油站拨打电话

汽油在空气中的浓度超过 1.3%～6%，就会发生爆炸。尤其是夏天，温度高，汽油挥发快，加油站内汽油的浓度较高，当其达到一定的浓度后，即使很细小的火花都会引起爆炸。因此，加油站里所有的电气物品都必须具备防火防爆功能，甚至包括电灯。但目前市面所有出售的手机（包括 CDMA 型手机）都不具备防爆功能，因此在按键的瞬间会产生静电火花，容易发生爆炸。

另外一些旧款手机线路老化，使用过程中也有可能产生火花。如果当时空气中积聚了相当浓度的可燃性气体，便会发生爆炸。

3.8 加油站是如何除油味的？

汽油从储油库到油罐车的每次转移，以及在机动车加油过程中，都会有大量油气挥发到空气中。而油气污染物是空气中 $PM_{2.5}$ 污染源增量、形成灰霾天气、造成光化学污染的重要原因之一。

图 3.9 加油枪的油气回收装置

现在当我们来到加油站,很少能闻到"油味",即使离加油枪很近也几乎闻不到,原来是加油站安装的油气回收系统在显神通。一般加油站都在加油枪中安装一种类似真空泵的油气回收装置,将加油枪在加油过程中产生的"废气"进行回收(图 3.9)。这种经过特殊处理的加油枪外观上虽然看不出有什么变化,但加油枪在加油的同时,内部的真空泵吸取了油箱里面多余的油气——挥发性碳氢化合物。

加油站加装油气回收装置后,可以通过负压将油气回收至回收系统,避免油气挥发,减少油气的污染,还使油气从气态转变为液态,重新变为汽油。从油箱口渗漏出来的油气将通过回收孔,被真空泵抽进加油管的外管,通过冷凝的方式最终进入地下储油罐,整个加油过程中挥发的油气 90% 以上可以被"捉"回来(图 3.10)。

图 3.10 油气回收装置工作原理图

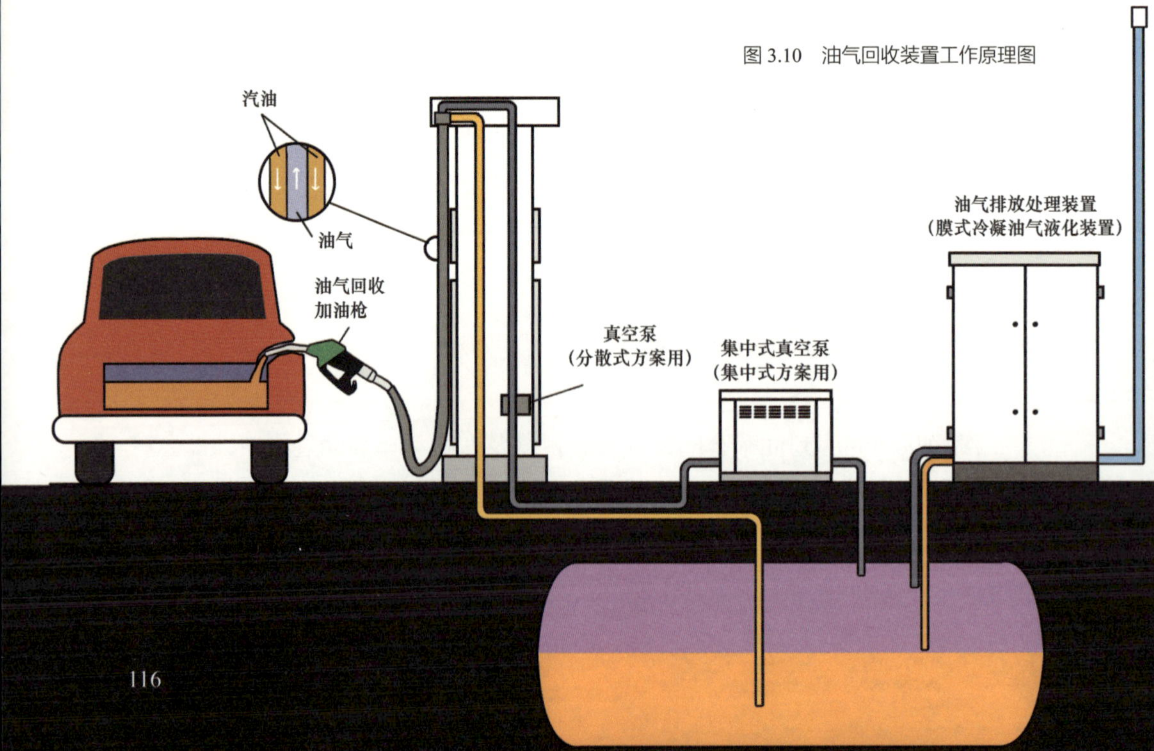

3.9 液化石油气泄漏事故中堵漏人员为什么要穿防冻衣？

在液化石油气泄漏事故中，发生过堵漏人员因接触泄漏物质而引起冻伤的案例（图3.11）。为什么会这样呢？

液化石油气是在加压和冷却将其液化后储存在容器内，在常压下的沸点较低，通常低于外部环境的温度，而容器外面的温度通常都在其沸点以上。液化石油气泄漏到常温和常压下时，因压力

图 3.11　堵漏人员未穿防冻衣导致冻伤

瞬间降低，其中一部分会迅速汽化为气体，从高压下的气液平衡转变为常压下的气液平衡状态，此时汽化时所需的热量为液体达到常压沸点的蒸发潜热，这部分热量由环境提供。如果液体喷溅到人体，人体就成为液体汽化所需热量的热源，液体从接触的人体部位吸收大量的热量，从而造成人员冻伤。

因此，在进行液化石油气泄漏堵漏时，堵漏人员必须全身穿着防冻衣（图3.12）。

图 3.12　防冻衣

3.10 液化石油气为什么不能过量灌装？

图 3.13 液化石油气灌装

液化石油气是炼油厂的副产品，被广泛用作家用燃料，其主要成分是丙烷、丁烷、甲烷及少量其他气体（如氢气、乙烷、乙烯、丁烯等）。液化石油气无色，但有特殊臭味，易燃。为了提高其运输与储存效率，采用常温下压缩、冷却方式对其液化，然后灌装入气瓶或压力容器内储存。

液化石油气灌装时，必须按规范操作，灌装量不得超过容器体积的85%，不能过量充装（图3.13）。因为液化石油气的体积膨胀系数较高，过量灌装后，如果气瓶受热，瓶内液化石油气体积膨胀，压力增大，甚至超过气瓶的耐压能力，遇见火星、高热、氧化剂就会有燃烧爆炸的危险。

液化石油气燃烧热值高，爆炸速度快，为2000～3000米/秒，液化石油气爆炸形成的超压威力大，破坏性强。

1978年7月11日14时30分，西班牙的一辆灌装了丙烷的槽车发生爆炸，爆炸原因就是由于其灌装过量，达到槽车容积的100%。随着周围温度的上升，槽车内压力升高（估计爆炸时内部压力升至109个大气压以上），大大超过槽车的耐压能力（30个大气压）。爆炸产生的烈火浓烟使150多人被烧死，120多人被烧伤，100多辆汽车和14座建筑物被烧毁。

此外，用管线输送液化石油气时同样要避免使输送管线处于"满液"状态，防止因气温上升引起管线内压力上升而导致管线破裂事故的发生。

3.11 硫化氢的毒害程度及其中毒救治方法

硫化氢（分子式为 H_2S）是一种具有臭鸡蛋气味的无色气体，密度为空气的 1.19 倍，沸点为 -61.8℃，溶于水、乙醇、甘油、石油溶剂。硫化氢是强烈的神经性毒物，对黏膜有明显刺激作用。硫化氢随空气经呼吸道和消化道很快吸收，一部分可经呼吸道排出，另一部分在血中很快被氧化为无毒的硫酸盐等经尿排出，而来不及氧化的部分则会引起全身中毒反应。硫化氢在人体内达到较高浓度时，首先对呼吸中枢和脊髓运动中枢产生兴奋作用，然后转为抑制，达到高浓度时，则引起颈动脉窦性反射作用，使呼吸停止。浓度更高时，可直接麻痹呼吸中枢而立即引起窒息，造成"闪电式"中毒以致死亡（图 3.14）。

图 3.14 硫化氢中毒症状

人体对硫化氢的嗅阈值为 0.012～0.03 毫克/米³，远低于引起危害的最低浓度。起初，臭味的增强与浓度的升高成正比，但当浓度超过 10 毫克/米³ 左右之后，浓度继续增大而臭味反而

> **小贴士**
> 嗅阈值指引起人嗅觉最小刺激的物质浓度（或稀释倍数），嗅阈值有很多种，主要有感觉阈值（也称检知阈值）和识别阈值（也称认知阈值）。

减弱。浓度升高时因为会很快引起嗅觉疲劳而不能察觉硫化氢的存在，故不能依靠其臭味强烈与否来判断有无危险。

那么，对于硫化氢中毒怎么急救呢？

进入现场的抢救人员要佩戴隔离式氧气面具或生氧面具，如遇高浓度硫化氢大量泄漏，应先关闭阀门，切断气源，并用雾状水吸收稀释大气中的硫化氢气体。

一旦发现急性中毒者，应迅速将其移离现场，移到空气新鲜通风处，注意保暖，解开中毒者的衣服领口，确保呼吸道畅通。对窒息者应立即进行人工呼吸或输氧（首选"自动肺"强制输氧，次选密闭口罩给氧或鼻管给氧。条件许可，吸入含5%～7%二氧化碳的氧气更佳）。对重度中毒者，要积极防止肺炎、肺水肿和脑水肿。

眼睛受害时，应立即用清水或2%碳酸氢钠溶液冲洗，再用4%硼酸水溶液洗眼并滴入无菌橄榄油。为防止发生角膜炎，可用醋酸可的松溶液滴眼，每日4次，根据需要连续使用数天。最终还是要尽快就医，医院针对硫化氢中毒均有相应的应急救治方案。

3.12 油品标号越高越清洁吗？

2019年1月1日起，我国汽油、柴油均执行国家标准Ⅵ。现行的汽油标号有89#、92#、95#、98#四种。这个标号是按研究法辛烷值进行分类的，代表汽油的抗爆性。例如，97#汽油是一种抗爆性相当于97%（体积分数）异辛烷和3%（体积分数）正庚烷的汽油燃料。标号越大，抗爆性能越好。消费者应根据发动机的压缩比或遵循每辆汽车使用说明书上的建议添加汽油，更科学、更经济，能充分发挥发动机的功率。

柴油的标号是按凝点来分类的，分为5#柴油、0#柴油、-10#柴油、-20#

柴油、-35#柴油和-50#柴油。应根据使用气温选用不同标号的柴油。

机动车污染排放已经成为我国大气污染的重要来源，而车用燃油品质与机动车污染排放状况密切相关，车用油品的低硫化和清洁化是影响机动车污染防治的关键因素。加油站出售的汽油都是无铅汽油，油品的标号与汽油的清洁程度并无关联。车主加油时不要受"高标号的汽油更清洁"的误导（图3.15）。

图3.15 汽油标号高不等于清洁性好

油品的清洁性能其实与我国炼油技术水平的提升及国家标准的升级息息相关。从2017年1月1日起，我国增加了车用汽油中不得人为加入含锰添加剂，车用柴油不得人为加入甲醇的新要求。从国家标准Ⅳ、国家标准Ⅴ发展到如今执行的国家标准Ⅵ，硫、苯、芳香烃、烯烃及锰的含量均有所下降，有效减少了大气污染。

3.13 家里有哪些环保绿色石油产品？

除了我们日常接触最频繁的油品，还有很多日常生活用品源于石油化工生产（图3.16）。

图3.16 源自石油的日常生活用品

塑料。塑料是石油或天然气通过精炼、裂解成各种石化基础原料,然后通过聚合制成的聚合物树脂。塑料无所不在,牙刷、盆、水杯、手机、玩具……随便就可以数出一大串,我们生活在石油的包围圈里——几乎所有的塑料都是石油产品。

衣服。从衣服标签看到的涤纶、腈纶、尼龙、冰丝等面料,都是从石油中提炼生产的合成纤维。纺织所使用的纤维中,化学纤维占比接近3/4,天然纤维占比仅有1/4,超过90%的化学纤维产品依赖石油,我们的一生要"穿"掉多少石油!

医疗。许多药物的成分都从苯衍生而来,而苯又是从石油里制取的,现代医药的进步也和石化技术有着千丝万缕的关系。另外,假肢、人造器官及医用X光片及其处理溶液等也使用了石油制品。

清洁用品。许多清洁用品是石油产品,如洗涤剂、洗发剂、沐浴露和肥皂等,均含有石油衍生物。

食物。食物的保鲜、染色、调味大多有石油产品的参与，还有我们嚼的口香糖。如果算上食品生产间接消耗的石油，那么人一生要"吃"掉551千克石油。一瓶500毫升的纯净水，经过发现水源、开采、净化、装瓶、运输等环节，最后摆在你面前，一共需要消耗167毫升的石油。

化妆品。石油精炼或合成出来的油、石蜡、香精、染料等，都可以用来制作化妆品。

我国制定了很多标准用于评价产品是否环保绿色，如GB/T 35611—2017《绿色产品评价　纺织产品》就是针对纺织品发布的评价标准。此外，塑料制品、涂料、鞋类、电玩具、洗涤用品等也都有相应的评价标准。

3.14 谨慎使用的石油产品有哪些？

我们在生活中，会接触到多种多样的石油产品，部分产品因为含有特殊的化学物质，使用不当可能会对人体及环境造成较大的伤害。

酒精是由水与乙醇混合配制而成，在常温常压下是一种易燃易挥发的无色透明液体。经过长期的临床数据验证，乙醇含量为75%的酒精具有最理想的杀菌效果，低于这个数值，其杀菌效果随浓度降低而降低。由于其具有易燃易爆的特性，在使用时应注意以下事项：(1)在室内使用酒精时，保证室内通风，并将使用过的毛巾等布料清洁工具清洁干净，然后密闭存放或通风处晾干（图3.17）。(2)使用前应清理周边易燃、易爆物，勿在空气中直接喷洒使用，酒精燃点

图3.17　谨慎使用酒精

低,遇火、遇热易自燃,在使用时不要靠近电源,避免明火,每次取用后必须立即将容器盖上,严禁敞开放置。(3)家中不要屯大量酒精,酒精是易燃易挥发的液体,酒精的挥发会使室内空气中可燃性气体增加,特别是当空气中的酒精含量达19%、温度不小于13℃时,一遇到火星就会闪燃,这比酒精被点燃还要危险。(4)避光存放并防止倾倒破损。家中剩下的酒精,不要放在阳台、灶台等热源环境中,也不要放在电源插座附近及墙边、桌角等处,防止误撞倾倒;(5)存放时避免儿童拿到,有儿童的家庭,酒精应放到儿童拿不到的地方。对于年龄稍大的孩子,家长可以给孩子讲解酒精的特性,教育孩子不要玩酒精。

苯乙烯,一种芳香烃,存在于自然界的苏合香脂(一种天然香料)、葡萄、可可、茶、醋、炒榛子、炒花生中,也是重要的工业原料,可以用于制备玻璃纤维塑料、一次性餐具、一些绝缘材料、树脂和合成橡胶,它不溶于水,溶于乙醇、乙醚中,暴露于空气中会逐渐发生聚合及氧化。丙烯腈(A)、丁二烯(B)和苯乙烯(S)三种物质通过化工聚合制得 ABS 树脂,广泛用于各种家用电器及工业仪表上,少量苯乙烯可用作合成香料的原料。苯乙烯具有易燃、易爆的特性,其蒸气与空气可形成爆炸性混合物,遇到明火、高热、氧化剂接触,会引起燃烧爆炸的危险。浓度过高时,会对人体的眼部、上呼吸道黏膜有刺激和麻醉作用,使用时应避免直接接触,如不慎接触,用生理盐水和清水彻底冲洗接触部位,并尽快就医。含有苯乙烯的物质在储存时要远离火种、热源、避光,与氧化剂、酸类物质分开存放。

三乙醇胺,即三(2-羟乙基)胺,可以看作三乙胺的三羟基取代物。与其他胺类化合物相似,由于氮原子上存在孤对电子,三乙醇胺具弱碱性,能够与无机酸或有机酸反应生成盐。三乙醇胺是无色至淡黄色透明黏稠液体,微有氨味,低温时成为无色至淡黄色立方晶系晶体,露置于空气中时颜色渐渐变深。在溶解性上,易溶于水、乙醇、丙酮、甘油及乙二醇等,微溶于苯、乙醚及四氯化碳等,在非极性溶剂中几乎不溶解。三乙醇胺呈弱碱性,0.1摩/升的水溶液 pH 值为 10.5,有刺激性。具吸湿性,能吸收二氧化碳及硫化氢等酸性气体。纯三乙醇胺对钢、铁、镍等材料不起作用,而对

三 日常生活中的油气安全环保

铜、铝及其合金有较大腐蚀性。三乙醇胺可以用于制作合成表面活性剂、洗涤剂、稳定剂及织物柔软剂的原料，在化妆品配方中用于与脂肪酸中和成皂，与硫酸化脂肪酸中和成胺盐，也还用作润滑油的抗腐蚀添加剂、染料溶剂、造纸助剂、油墨等。含有该成分的物品应避免与氧化剂、铜、铝和酸类等物质接触。它具有可燃性，在遇到明火、高温及强氧化剂时，会排放有毒氮氧化物烟雾。它有毒性，接触皮肤会引发皮炎和湿疹，如果不慎与眼睛接触，应立即用大量清水清洗，并及时就医。

三氯乙烯是乙烯分子中 3 个氢原子被氯取代而生成的化合物，难溶于水，溶于乙醇、乙醚等。三氯乙烯为可燃液体，遇到明火、高热能够引发火灾爆炸的危险。三氯乙烯曾用作镇痛药和金属脱脂剂，可用作萃取剂、杀菌剂和制冷剂，以及衣服干洗剂。三氯乙烯具有毒性，局域刺激性，长期接触可引起三叉神经麻痹等病症，短时内接触（吸入、经皮或口服）大量该品可引起急性中毒，吸入极高浓度可迅速昏迷。吸入高浓度后会有眼和上呼吸道刺激症状，应立刻使用大量清水或生理盐水冲洗接触的皮肤，如果呼吸困难，尽快使用人工呼吸救治。

四氯乙烯，又名全氯乙烯，是无色、有类似乙醚气味的液体，可溶于有机溶剂。四氯乙烯在工业上主要用作有机溶剂、干洗剂和金属脱脂溶剂，在医药上用作驱虫药，还可用作脂肪类萃取剂、灭火剂和烟幕剂等。在室温下，四氯乙烯是一种非易燃性的液体，毒性较三氯乙烯小，容易蒸发至空气中，带着刺激的、甜甜的气味，可经呼吸道和消化道吸收，非常高浓度的四氯乙烯会导致人体晕眩、头痛、有睡意、意识混乱、恶心、说话及行走困难、失去意识和死亡。很多人在空气含有百万分之一四氯乙烯的时候就可以闻到。1821 年，麦可·法拉第第一次加热六氯乙烷使之分解为四氯乙烯和氯气。由于四氯乙烯相对毒性很低、热稳定性好，而且有很强的去油污能力，还可以回收重复使用，因此被广泛应用于干洗行业。随着人们生活质量的提高，对各类生活用品的副作用也就越来越重视，因此也开始关注四氯乙烯的毒性。使用含有四氯乙烯物质的试剂时应避免吸入呼吸道和直接接触，如不慎接触，应充分清洗、实施催吐、立即就医。

乙二醇，又名甘醇、1,2-亚乙基二醇，简称 EG，是最简单的二元醇。乙二醇是无色无臭、有甜味的液体，对动物有毒性，人类致死剂量约为 1.6 克/千克。乙二醇能与水、丙酮互溶，但在醚类中溶解度较小。乙二醇可用于制备聚酯涤纶、聚酯树脂、吸湿剂、增塑剂、表面活性剂、合成纤维、化妆品和炸药，并用作染料、油墨等的溶剂，配制发动机的抗冻剂，气体脱水剂，也可用于玻璃纸、纤维、皮革、黏合剂制备的湿润剂。乙二醇可生产涤纶纤维、矿泉水瓶等，还可生产醇酸树脂、乙二醛等。乙二醇除用作汽车用防冻剂外（图 3.18），还用于工业冷量的输送，一般称为载冷剂。乙二醇的高聚物聚乙二醇是一种相转移催化剂，也用于细胞融合，其硝酸酯是一种炸药。

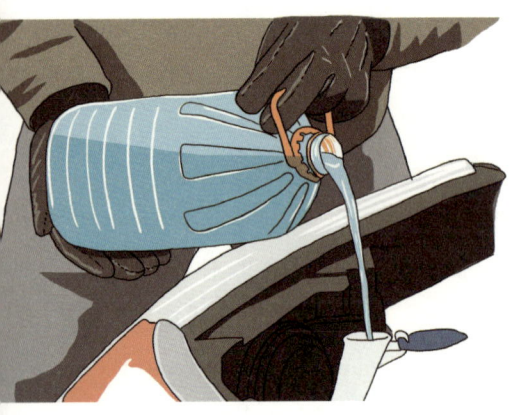

图 3.18　乙二醇可用作汽车防冻剂

机车中的防冻剂中含有乙二醇，其中的乙二醇添加了少量的苦味剂，对人体没有威胁，但是如果不慎和宠物（猫、狗）的食物混合，则会引起宠物中毒并造成肾衰竭。吸入量变大或者误食时，表现为反复发作性昏厥，并可有眼球震颤、淋巴细胞增多的现象。急救措施主要还是接触后冲洗、吸入时输氧、食入则洗胃，然后尽早就医。

3.15　国ⅥA 和国ⅥB

从 2019 年 7 月 1 日起，我国新注册登记的轻型汽车执行国ⅥA 排放标准，并且还鼓励实施更为严格的排放标准。将采取经济补偿限制使用、严格超标排放监管等方式，因此很多不满足排放标准的车型即将淘汰（图 3.19）。所谓国Ⅵ排放标准，就是指 GB 1835.6—2016《轻型汽车污染物排放限值及测量方法（中国第六阶段）》中的第六阶段排放控制要求。国ⅥA 对尾气排放标准限值如下：一氧化碳 700 毫克/千米、非甲烷烃 68 毫克/千米、氮氧化物 60 毫克 / 千米、PM 细颗粒物 4.5 毫克 / 千米等。国 VI B 对尾气排放标准限制如下：一氧化碳 500 毫克 / 千米、非甲烷烃 35 毫克 / 千米、氮氧化物 35 毫克 / 千米、PM 细颗粒物 3 毫克 / 千米等，并提出了尾气中污染物的测量方法。

现行的国 VI A 和国 VI B 是以实施时间为界限，现行标准为国 VI A，并要求在 2023 年 7 月 1 日之后全国所有车辆均执行国 VI B 标准。国 VI 排放标准改变了以往等效转化欧洲排放标准的方式，而且从以往跟随欧美机动车排放标准转变为大胆创新，首次实现引领世界标准制定。这样有利于帮助我国汽车企业参与国际上的竞争，从而能够推动我国汽车产业发展。

图 3.19　国 VI 标准执行

3.16　无铅汽油是无污染汽油吗？

我国从 2000 年开始在全国范围内推广无铅汽油，现在市售的汽油均为无铅汽油（铅含量在 0.013 克 / 升以下的汽油）。很多人认为，汽油无铅也就无污染了，汽车尾气也就不再可怕了。事实上，无铅汽油只是解决了一部分的污染问题，燃烧时仍可能排放气体、颗粒物和冷凝物三类污染物。其中，汽车排放气体除二氧化碳和水蒸气以外，其他污染气体以一氧化碳、碳氢化合物、氮氧化物为主（图 3.20），它们对环境的污染主要表现为产生温室效应，破坏臭氧层，产生酸雨、黑雨等现象，对人体的危害主要表现为造成各种疾病，严重损害呼吸系统，并且具有很强的致癌性。汽车行驶时排出有害物质破坏环境和人体健康，这些有害物质成分非常复杂。一氧化碳是燃料在发动机内燃烧不完全的产物，它与人体血红蛋白的结合力远远强于氧与血红蛋白的结合力。因此，一氧化碳削弱了血红蛋白向人体组织输送氧的能力，影响神经中枢系统，严重时造成中毒死亡。碳氢化合物是燃料在发动机中燃烧不完全和燃料挥发形成的，它包括多种烃类化合物，部分烃类化合物有致癌性，进入人体后产生慢性中毒。颗粒物以聚合的碳粒为主，呈散粉状，60%～80%的颗粒物直径小于2微米，可长期悬浮于空气中，易被人体吸入。冷凝物指尾气中的有机物，包括未燃油、醛类、苯、多环芳香烃、苯并芘等多种污染物，在高温尾气中呈气态，遇外界冷空气可凝结，通常吸附在颗粒物上，可随颗粒物吸入人肺深处长期滞留。

在汽油去除铅的过程中，一些制作工艺又增加了额外的有害物质。苯及苯类化合物是一种可以引起白血病的有毒有害气体，在自然通风条件下，室内有大约70%的苯来源于室外的汽车尾气，大气中80%的苯来源于汽车尾气。为了减少空气中的苯浓度，中国在国Ⅵ排放标准中要求苯含量低于0.8%，这个要求比很多国家都严格。由此可见，控制无铅汽油汽车尾气中苯类化合物的添加量及排放同样应引起我们的重视。

图3.20　汽车尾气

CO、HC、NO_x、颗粒物、冷凝物

为使汽油充分燃烧，减少汽油中一氧化碳和其他有害物质的排放，无铅汽油中通常还会添加一些含氧添加剂，虽然燃烧产物为二氧化碳和水，与其他汽油成分相比安全性较高，但它会在人体脂肪中蓄积，产生甲醛等有害物质。

由上述可见，虽然无铅汽油大大降低了空气中铅的浓度，但对汽车尾气中有机物的排放并没有产生决定性作用。无铅汽油与无害绿色汽油是两种概念，因为汽车尾气的危害不仅仅是铅的污染。因此，应对汽车尾气有一个全面的认识，在控制铅污染的同时，全面降低其他有毒有害物质的排放，减少其对人体健康的危害。为此，国家相继出台了 GB 17930—2016《车用汽油》、GB 19147—2016《车用柴油》等标准，按实施时间节点从源头上提高油品的质量，并对汽车的尾气处理系统提出更高的要求，直接有效降低了尾气中的污染物浓度。

将汽车尾气净化为无毒气体，再排放到大气中，从而可减少对大气环境的污染。可以采用催化剂，将一氧化碳氧化成二氧化碳、碳氢化合物氧化成二氧化碳和水、氮氧化物被还原成为氮气等（图 3.21）。可将催化反应器设置在排气系统中排气歧管与消音器之间，通过对汽车内部的正曲轴箱通气系统、排气再循环系统、蒸发排放控制系统的设计优化，减少尾气污染物的排放。

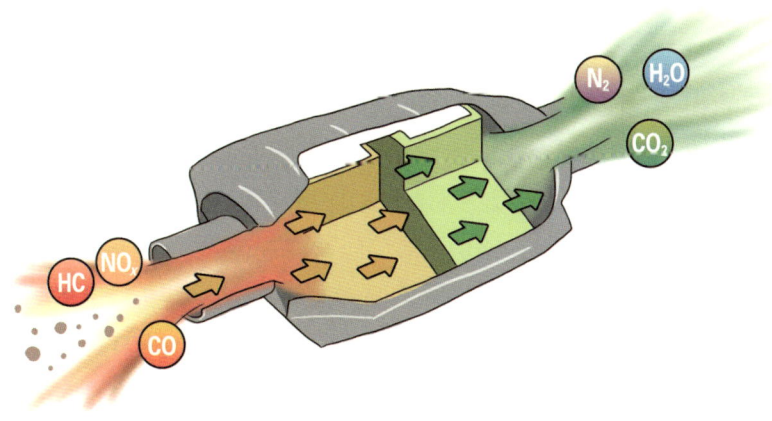

图 3.21 汽车尾气处理

3.17 绿色环保汽车

笼统地说，绿色环保汽车应该是对环境没有污染的汽车。这样的汽车可能实现吗？现在对绿色环保汽车还没有一个统一的概念。绿色环保汽车应该是一个整体的理念，从汽车的设计、制造、燃料、使用到报废回收，尽量减少对环境的污染，甚至做到"零污染"。就汽车的绿色能源开发来说，有两种途径：一种是开发使用替代能源的汽车，如目前研发的天然气汽车、液化石油气汽车、氢气燃料车等各种各样替代燃油汽车；另一种是开发利用新能源的汽车，如电动汽车、太阳能汽车、风力汽车、"交变磁场"汽车等。这些汽车由于排放的有害气体比传统汽车少甚至为零，因此都可以被称作绿色环保汽车。

液化石油气和压缩天然气汽车。液化石油气和压缩天然气是汽油和柴油的替代燃料，其最大的优点是可以有效地减少一氧化碳（减少幅度达到80%~85%）、碳氢化合物（减少幅度达到50%~70%）、氮氧化合物（减少幅度达到50%~70%）和颗粒物的排放，其次是可降低汽车营运成本，天然气的价格比汽油和柴油低得多，燃料费用一般节省50%左右，使营运成本大幅度降低。由于油气差价的存在，油改气的改车费用可在一年之内收回，还可节省维修费用，发动机使用天然气作燃料，运行平稳、噪声低、不积炭，能延长发动机使用寿命，不需经常更换机油和火花塞，可节约50%以上的维修费用。

与汽油相比，压缩天然气本身就是比较安全的燃料。这表现在：燃点高，天然气燃点在650℃以上，比汽油燃点高出223℃；密度低，与空气的相对密度为0.48，泄漏气体很快在空气中散发，很难形成遇火燃烧的浓度；研究法辛烷值高，可达130，比目前最好的98号汽油辛烷值高得多，抗爆性能好。而且压缩天然气汽车所用的配件比汽油车要求更高，国家颁布有严格的天然气汽车技术标准，从加气站设计、储气瓶生产、改车部件制造到安装调试等，每个环节都形成了严格的技术标准。

电动汽车。在蒸汽汽车和内燃机汽车两个时代交替的时候，曾出现了以蓄电池为动力的电动汽车，1899年法国人伽特制造的电动汽车是这一时期的代表。1900年英国人哈特制造出了世界上第一辆四轮全驱动电动汽车，其速度可达80千米/时。电动汽车解决了蒸汽汽车大量耗煤的问题，同时具有使用方便、车速较快等优点，所以在1899—1930年，电动汽车得到了发展。但由于蓄电池充电时间太长，费用也很高，而且一次充电后行程过短，这些缺点制约了电动汽车的发展。因此，在内燃机汽车出现后，电动汽车一度销声匿迹。

我国从"十五"时期开始实施新能源汽车科技规划，"863"项目共投入20亿元研发经费，形成了以纯电动（BEV）、油电混合动力（HEV）、燃料电池（FCEV）三条技术路线为"三纵"，以多能源动力总成控制系统、驱动电机及其控制系统、动力蓄电池及其管理系统三种共性技术为"三横"的电动汽车研发格局。目前我国电动汽车的研发取得显著进展。

2012年，国家发布《节能与新能源汽车产业发展规划（2012—2020年）》，鼓励纯电驱动汽车工业转型，并通过对低速电动车提出挂牌上路的管控要求，逐渐规范电动车市场。

发展电动汽车的关键在于我国企业能否掌握核心技术。电动汽车的关键核心技术有三个：一是动力电池，二是电动机，三是控制系统。其中，动力电池最为关键，其性能指标和经济成本决定了电动汽车的商业化进程。目前，我国车用动力电池的能量密度、功率密度等主要性能指标居国际先进水平，电催化剂、复合膜、双极板等关键材料也取得重要进展。

电动汽车应用最广泛的电源是铅酸蓄电池，但随着电动汽车技术的发展，铅酸蓄电池由于能量低、充电速度慢、寿命短、污染严重，逐渐被其他蓄电池所取代。正在发展的电源主要有钠硫电池、镍氢电池、镍镉电池、锂电池、燃料电池等，这些新型电源的应用，为电动汽车的发展开辟了广阔的前景。

太阳能电动车和氢燃料汽车。太阳能电动车和氢燃料汽车是真正的绿色汽车。太阳能电动车是一种利用太阳能来驱动的汽车（图3.22）。太阳能是真正洁净的能源，在利用过程中几乎没有污染，而且太阳能取之不尽、用之

图 3.22　太阳能汽车

不竭。据估算，如果由太阳能电动车取代燃油车辆，每辆汽车的二氧化碳排放量可减少 43%~54%。白天，太阳能电池把光能转换成电能自动存储在动力电池中，在晚间，还可以利用低谷电（220 伏）充电。因为不用燃油，太阳能电动车不会排放污染大气的有害气体；没有内燃机，太阳能电动车在行驶时不会发出燃油汽车内燃机的轰鸣声。由于太阳能电动车结构简单，除了定期更换蓄电池，基本上不需日常保养，省去了传统汽车必须经常更换润滑油、添加冷却水等定期保养的烦恼。目前研发的太阳能电动车行驶速度远低于燃料油汽车，但是出于对光能资源化利用、石油资源节约及环境保护的考虑，太阳能电动车被诸多国家所提倡，太阳能电动车产业的发展也日益蓬勃。

氢燃料汽车是以氢气作为动力燃料的汽车。氢气燃烧时不产生二氧化碳，而且氢是资源最丰富的化学元素之一。以氢为能源的燃料电池是 21 世纪汽车的核心技术。许多顶尖的科学家预言，氢对汽车工业的革命性意义相当于微处理器对计算机技术那样重要。氢燃料汽车与电动汽车相比，它的优势是加满氢燃料时间短，氢燃料汽车加满燃料时间不到 5 分钟，而就算是超级充电桩给电动汽车充电也需要 30 分钟左右，可能未来还有提升空间，但是受限于物理定律，能达到什么水平还很难预料。另外，氢的能量密度相当高，相比于目前国内纯电动车的续航能力，氢燃料汽车更胜一筹，如丰田在 2014 年上市的 Mirai 续航里程可以达到 700 千米，还有此前丰田发布的 Fine-Comfort Ride 概念车，续航里程更是高达 1000 千米。而且氢燃料汽车在运行过程只产生空气和水，燃料电池没有回收的问题。虽然太阳能电动车和氢燃料汽车的研制已经有跨越式进展，但要实现产业化，并在市场中占有一席之地，还需要做很多的功课。

风力汽车。一辆德国制造的"疾风探险者"号风力汽车成功穿越广袤的澳大利亚大陆，沿途忍受酷热和寒冷天气，全部行程约5000千米（图3.23）。值得一提的是，一路上它主要以风力和风筝为驱动力，而用于为蓄电池充电的花费只有区区10澳元（约合66元人民币）。据悉，这辆名为"疾风探险者"号的风力车由两名德国发明家德克·吉翁和斯蒂芬·西默尔合作研发。2011年2月14日这天，"疾风探险者"号结束长约5000千米的长途旅行，横穿整个澳大利亚大陆，顺利抵达终点站悉尼，这是这款原型车第一次接受如此重要的测试。吉翁兴奋地表示："这是世界上第一辆适于上路的风力发电车，可以行驶如此长距离，肯定也是首辆能在世界任何地方上路的风筝驱动车。""疾风探险者"号是一辆类似赛车风格的敞篷车，拥有碳纤维车身和自行车轮胎，即使装入电池总重也大约只有204千克，没有电池时车身仅重82千克，远远轻于一般汽车，且速度每小时可达88千米以上。该汽车利用可再生能源，主要靠风力和风筝驱动，完成了如此艰险的旅程。

图3.23 "疾风探险者"号

"交变磁场"汽车。日本环境厅公害研究所研制了一种既无公害又可节能的新型汽车。这种车利用交变磁场的原理设计，在汽车前后轮的轮轴上装有小型高效率磁铁发电机，在电动机轮轴上绕上一组线圈，在线圈的外部装上旋转磁铁，车轮上也装上磁铁。当线圈通电以后，磁极中就产生了一个交变磁场，从而使车轮旋转起来。车子以蓄电池作为电源，蓄电池的质量为26千克。用电源开关来操纵汽车行驶速度，最高速度可达70千米/时。普通汽车通常是用发动机通过变速齿轮箱带动车轮，而此车是直接用发电机带动车轮，大大降低了汽车的噪声和能量耗损。

四　人类文明、社会进步和生态环境

保护环境，确保人与自然的和谐，是经济能够得到进一步发展的前提，也是人类文明延续和社会进步的保证。经济的发展与生态环境是一种相互依存、相互制约的关系，如果人们在大规模的经济活动中，无节制地对自然资源大量开发和消耗，甚至乱采滥用，就会导致环境污染、生态破坏。本篇将介绍人与自然的相互影响及作用，探讨社会、经济、生态协调发展和可持续发展的有效途径。

4.1 世界古代文明的衰落与生态环境有关系吗？

生态环境问题对人类的发展构成威胁。人类对各种自然资源的开发，改善了人类的生存条件，但是不恰当的盲目开发却带来恶果。历史上有许多由于生态环境恶化，从而使文明衰落的例子。如诞生于尼罗河流域的古埃及文明，诞生于美索不达米亚平原（位于幼发拉底河和底格里斯河之间）的古巴比伦文明，发祥于印度河流域的古印度文明，发源于中美洲古老的玛雅文明等，由于当地肥沃的土地、茂盛的森林、温和的气候、良好的生态等得天独厚的天然条件，在历史上的某个时期都曾出现过繁荣景象。而这几个古文明衰落的过程和原因都一样，即无休止地砍伐森林、毫无顾忌地开垦土地和草原，造成水土流失，生态环境遭到严重破坏、生存环境急剧恶化，变得贫瘠的土地无法再承受不断增多的人口，于是走向衰落。根据联合国环境与经济发展委员会于 1992 年的调查，在 20 年间世界损失了 5 亿吨地表土；损失了 5 亿亩树林，其面积相当于美洲大陆面积的 1/3；热带雨林消失的生物物种接近 100 万种。东南亚曾经是森林覆盖率非常高的地区，其热带雨林面积仅

四　人类文明、社会进步和生态环境

次于亚马孙森林，居世界第二位。但随着对热带雨林的无节制的砍伐，大规模的毁林造田，战争破坏，加之传统的刀耕火种农作方式，森林的消耗量急剧增加，栽种林木的速度远远跟不上森林被砍伐的速度。东南亚热带雨林的消失速度令人震惊：印度尼西亚每年消失的森林面积达到9000平方千米，马来西亚为2550平方千米，泰国为1588平方千米。由于森林急剧减少，造成水土流失加剧，土壤肥力丧失，水利工程破坏，可灌溉地减少，洪水暴发，使得人与自

a. 良好的生态环境

b. 遭到破坏的生态环境

图 4.1　生态环境的恶化

然的和谐关系受到破坏（图 4.1）。1990 年菲律宾莱特岛（Leyte）暴发了一场洪水，一夜之间的死亡人数比这个国家长达 22 年之久的反政府叛乱造成的死亡人数还要多。

历史的经验和教训使人类认识到，应该与大自然和谐相处，在开发利用自然资源时注意尽量减小对生态环境的影响，以可持续发展的思路作为人类经济、社会发展的战略，这就是 21 世纪人类在和自然界关系认识上的进步。

4.2 人类历史上有关环境保护的观点有哪些？

中国在春秋战国时期（公元前770年至公元前221年）就有保护正在怀孕和产卵的鸟兽鱼鳖以利"永续利用"的思想及封山育林和定期开禁的法令。

孔子的弟子说过，"子钓而不纲，弋不射宿"（《论语·述而》），意思是孔子钓鱼，不用大绳横断流水来取鱼，不射归巢的鸟。周文王告诫臣民，"山林非时，不升斤斧，以成草木之长，川泽非时，不入网罟，以成鱼鳖之长"（《逸周书·文传解》）。

春秋时在齐国为宰相的管仲，从发展经济、富国强兵的目标出发，十分注意保护山林川泽及其生物资源，反对过度采伐。他曾说，"为人君而不能谨守其山林菹泽草莱，不可以立为天下王"（《管子·地数》）。

战国时期的荀子也把自然资源的保护视作治国安邦之策，特别注重遵从生态学的季节规律（时令），重视自然资源的持续保存和永续利用。

1975年在湖北云梦睡虎地11号秦墓中发掘出1100多枚竹简，其中的《田律》（图4.2）清晰地体现了可持续发展的思路："春二月，毋敢伐材木山林及雍堤水。不夏月，毋敢夜草为灰，取生荔……毋毒鱼鳖，置阱罔，到七月而纵之。"这是中国和世界最早的环境法律之一。"与天地相参"可以说是中国古代生态意识的目标和理想。

图4.2 秦墓出土的竹简《田律》

西方的一些经济学家如马尔萨斯（Malthus）、大卫·李嘉图（Ricardo）和穆勒（Mill）等也较早认识到人类消费的物质限制，即人类的经济活动范围存在着生态边界。

1661年，英国出版了伊夫林（John Evelyn）的《驱逐烟气》一书，阐述了伦敦烟尘污染及其治理方面的见解。1847年，德国植物学家弗腊斯（C.N.Frass）的《各个时代的气候和植物界》出版，论述了人类活动对植物界和气候的影响。1864年，美国学者乔治·马什（G.P.Marsh）出版了《人与自然》一书，论述人类活动对地理环境的影响。1872年，英国化学家史密斯（R.A.Smith）所著的《空气和降雨：化学气候学的开端》，论述了酸雨的形成和危害。1876年，恩格斯在《劳动在从猿到人转变过程中的作用》中提出协调发展与环境关系的思想。1878年，恩格斯在《反杜林论》中论述了污染产生的根源及消除空气、水和土地污染的途径。1894年，马克思的《资本论》第三卷出版，其中也论述了生产和消费排泄物的利用及其对环境的污染。

4.3 近现代环境问题的发展

从18世纪工业革命开始，人类利用自然资源的能力增强，物质生活和生存环境改善。但随之而来的是生态环境的破坏和环境污染日益加剧，工业比农业所造成的环境污染，其规模和影响都大得多。工业革命后陆续发展的纺织、煤炭、钢铁、化工等产业，使煤炭得以大规模应用，内燃机的使用使汽油、煤油和轻柴油的消耗量激增，重油作为燃料被广泛使用，致使工业生产产生大量"三废"（废气、废水、废渣）。化石燃料燃烧产生大量煤烟粉尘和硫氧化合物，内燃机产生大量含有有害物质的尾气，使空气受到污染；农药的普遍使用，使有毒化学品在环境中广泛散布；大量生活垃圾和工业废物任意堆积（图4.3），形成二次污染源；城市建筑的凌乱，规划布局的不合理、色彩的不和谐，玻璃幕墙的阳光反射及各种杂乱无章的路标、广告，蜘

图 4.3 城市污染场景

蛛网似的电线、电话线及工业噪声和交通噪声等形成城市污染。

世界各地曾发生多起严重的环境污染事件，如洛杉矶光化学烟雾事件、1952 年英国伦敦烟雾事件、20 世纪中期日本的水俣病事件、1984 年印度博帕尔农药厂毒气泄漏事件等。现在，类似事件并未从根本上得到遏止。随着世界经济快速发展，发达国家不断向发展中国家转移污染，环境问题在更广大的地区出现和蔓延。由英国科学家 1984 年发现、美国科学家 1985 年证实在南极上空出现的"臭氧空洞"使人认识到，除了局部范围如城市、河流、农田等的环境污染问题外，大范围乃至全球性的环境问题（温室效应、臭氧空洞、酸雨、赤潮、太空垃圾等），不仅对某个国家或地区造成危害，而且对人类生存的整个地球造成危害。无论是发达国家还是发展中国家，环境恶化都已成为制约经济和社会发展的重要因素，人类的生存发展正面临着前所未有的严峻挑战。

4.4 战争加剧环境的恶化

战争是人类历史发展到一定阶段的社会现象，贯穿了整个人类发展史。战争在造成大量人员伤亡的同时，还对生态环境造成极大损坏，包括森林和植被的毁灭和破坏、地形地貌的毁灭性破坏、土地沙漠化等（图 4.4）。

第二次世界大战中，苏联军队在保卫列宁格勒的战斗中用烧毁大片森林的办法来阻止德国军队的进攻。美国在越南战争中为了对付丛林中的越南军队而采用了"焦土战术"，除了实行地毯式的轰炸外，还大量使用脱叶剂，结果越南 14% 的森林被毁坏，造成长期的生态后果。在海湾战争和科索沃战争中，北约部队使用贫铀炸弹，留下了长期的核辐射后患，对军队官兵和当地居民的生命健康造成严重影响。军队在建设过程中也造成大量环境污染。美国学者伦纳揭露说，美国军队所生产的有毒物质比5家美国最大的化工公司生产的总和还多。据20世纪90年代初的统计，在美国1600个军事基地中，有15000个有毒废物场所。德国政府列出了4000个场所存在潜在的军事废物污染。

1991年，一支登山队在珠穆朗玛峰看到天上竟然飘下黑色的雪花。引起这场黑雪的原因是1990

图4.4　战争导致生态环境被破坏

年的海湾战争。在海湾战争期间，伊拉克在从科威特撤退时点燃了大量油井，科威特约有700口油井被破坏，点燃的油井一直燃烧了8个月，每天有300万～600万桶原油被烧掉，最多时一天烧掉80万吨原油。同时，伊拉克还将大量原油排放到海里。油井燃烧时每小时排放出1900吨二氧化碳，石油燃烧使空气中的二氧化硫含量大大超过正常值，严重污染大气。石油燃烧后出现大量尘埃弥漫扩散，这些黑烟经过印度洋上空的暖湿气流向东移动，在飘过喜马拉雅山上空时就凝成了黑雪降落下来。黑雪会迅速吸收阳光，使冰雪融化，引起河水暴涨，成为引发洪灾的祸源。

4.5　环境污染也会引起生物变异

化石燃料的使用引起温室效应，导致地球大气层温度升高并对生态环境产生连锁影响。如北极圈内特有的植物开花期提前，致使按期而来的蜜蜂因错过开花期而不能授粉，使这些植物数量锐减。世界各地发现的各种生物体异常，说明环境污染对生物物种的影响已经很严重。英国、法国、日本等很多国家对境内河流中生物的性态进行过调查。在英国的爱尔河，发现100%的石斑鱼雄鱼变雌鱼，还有部分平眼鱼出现雌化现象。法国塞纳河中的雄鲽鱼出现排卵现象。在日本，流经东京都的7条河流也发现有25%的雄鲤鱼血清中含卵黄素。1995年在美国明尼苏达州河流和湿地里发现三条腿的畸形青蛙，随后在美国南部、东部、中西部和加拿大均发现了畸形青蛙，其所占比例达10%。其中有一种叫雕蛙，畸形个体占比达75%。后来明尼苏达州的研究人员把产生畸形青蛙地区的水取来，用于培养体态正常的非洲瓜蛙，实验结果证明在这种水体里培养的瓜蛙100%的胚胎畸形，这说明不是生物个体的畸变，而是环境污染造成的生物物种变态的结果。1998年挪威科学家在北极发现6只北极雌性小熊长出雄性器官，这一消息在全世界科学家中曾引起轰动。

环境污染对人体健康及人类活动的影响也有实例为证。1984年4月26日，苏联切尔诺贝利核电站核泄漏事故后的7年里，有7000多清理人员死亡；在15年后，参加救援的83.4万人中，有5.5万人死亡，15万人残疾。在附近10千米以内的土地，50年内不适于耕作和放牧；附近100千米范围内，10年内不能生产牛奶。这是突发环境污染事件对人类生存影响的明显例证。环境污染对人类生存的影响也是渐变的：中国国家计划生育委员会对1981—1996年的16年中，北京、上海、天津等39个大城市的11726名健康男性的调查表明，由于环境污染，男子的平均射精量（每次）在16年内下降了10.3%，每次射精的平均精子数目减少了18.6%；每次射精的精子活动率降低10.4%，正常形态精子减少8.4%。这和国外的研究结果是一致的：丹麦科学家的统计认为，由于环境污染，在1938—1990年的50多年内，成年男子每次射精量平均减少了20%，精子数目减少40%。另外，畸形怪胎发生率的增加也有环境污染的背影。

四 人类文明、社会进步和生态环境

4.6　环保运动

　　1970年4月22日，美国哈佛大学学生丹尼斯·海斯发起并组织全美约10000所中小学、2000多所大学参与的2000多万人进行游行集会，群情激动。人们高举着受污染的地球模型、巨幅图画、各种表格，高呼口号，进行演讲，强烈要求政府采取措施保护生态环境。第二天，并不关心环境的美国总统尼克松主持召开了会议，成立了一个专门委员会，并于稍后成立了美国国家环保局。4月22日的行动，也促使美国议会开始制定环保法规。1972年联合国人类环境会议在斯德哥尔摩召开，1973年联合国环境规划署成立，此后保护环境的政府机构和组织在世界范围内不断增加。正是因为这次行动产生了这样的结果，人们将4月22日命名为世界地球日，这一天也成为140多个国家的民众进行大规模环保活动的共同纪念日。我国从1990年开始，每年都举行世界地球日的纪念宣传活动。

1972年6月联合国在瑞典斯德哥尔摩召开第一次全世界范围的人类环境会议，发表《人类环境宣言》，提出了人类面临多方面的环境污染和广泛的生态破坏，呼吁人们要共同珍惜环境。在27届联合国大会上，每年的6月5日被确定为世界环境日。联合国根据当年的世界主要环境问题及环境热点，有针对性地制定每年世界环境日的主题。联合国系统和各国政府每年都在这一天开展各种活动，宣传保护和改善人类环境的重要性，联合国环境规划署同时发表《环境现状的年度报告书》，召开表彰"全球500佳"国际会议。

　　自1972年起，许多国际环保组织成立，专门研究生态环境问题，如联合国环境规划理事会、联合国环境规划署、人与生物圈计划、联合国野生动物保护基金会、联合国人口活动基金会、联合国世界环境与发展委员会、全球环境基金（GEF）、国际地球之友（FOEI）等。1990年6月在马来西亚，东盟组建东盟环境高级官员委员会。许多民间的非政府环保组织也纷纷成立，在保护全球生态环境、普及环境教育、推动全球环境保护合作等领域发挥着重要的作用，如世界的绿色和平组织、中国的野生动物保护协会、青少年环保志愿者、自然之友、北京地球村等。越来越多的人和组织正在加入保护地球、保护家园的活动中（图4.5）。

图4.5　保护环境，人人有责

四　人类文明、社会进步和生态环境

4.7　可持续发展的由来是什么？

1962年，美国的莱切尔·卡逊女士发表了《寂静的春天》。它是以一个"明天的寓言"开始的，描写了曾经具有优美生态环境的小城镇，忽然面临着一片死亡的阴影，书中详尽地描述了以滴滴涕（DDT）为代表的杀虫剂的广泛使用，给环境造成巨大的、难以逆转的危害。正是这个最终指向人类自身的潜在而又深远的威胁，让公众突然意识到环境问题的严重，从而开启了群众性的现代环境保护运动。

1972年，在瑞典斯德哥尔摩召开的世界环境发展大会上，对多种发展的提法，如"合乎环境要求的发展""连续或持续的发展"等进行了讨论，最终选择了"可持续发展"的提法。1978年，国际环境和发展委员会首次在文件中正式使用了"可持续发展"概念，并对其进行了界定。

1983年，联合国成立了由各国有影响的政治家和科学家组成的世界环境与发展委员会，在经过三年的调查研究工作后，向联合国提交了《我们共同的未来》的报告，首次采纳"可持续发展"的概念，把环境与发展紧密地结合在一起。

1992年6月，联合国环境与发展大会在巴西里约热内卢召开，这是一次确立可持续发展作为人类社会发展战略的具有历史意义的大会，183个国家和地区的代表出席了大会。这次会议虽然距1972年世界环境发展大会仅20年，但国际所关注的热点已经由单纯重视环境保护问题转移到了环境与发展的大课题上。大会通过了《里约热内卢环境与发展宣言》和《全球21世纪议程》，第一次把可持续发展由理论和概念推向行动。这次会议以可持续发展为指导思想，反思了自工业革命以来的那种"高生产、高消费、高污染"的传统发展模式以及"先污染、后治理"的道路，树立了环境与发展相互协调的观点，找到了一条在发展中解决环境问题的思路，会议还就实现可持续发展提出了27条基本原则，从此标志着可持续发展理论升华到可持续发展战略，在全世界范围把可持续理论推向行动。

2002年召开了联合国可持续发展世界首脑会议，号召各国实施可持续发展战略。

4.8 人类与生物多样性保护

生物多样性指地球上的生物所有形式、层次和联合体中生命的多样化。简单地说，生物多样性是生物和它们组成的系统的总体多样性和变异性。生物多样性包括基因多样性、物种多样性和生态系统多样性三个层次。

为什么要保护生物多样性呢？生物多样性是地球生命经过几十亿年发展进化的结果，是人类赖以生存和持续发展的物质基础。它为人类提供了所有的食物以及石油、天然气、木材、药材、纤维、油料、橡胶等重要的资源及原料。随着人类社会的不断发展，生物资源的过度开采，导致越来越多的生物失去了生存的空间，甚至带来了外来物种入侵，也污染了环境。直到20世纪，人口、资源、环境、食物、能源五大危机的到来，以及110个种和亚种的哺乳类动物及139个种和亚种的鸟类在地球上灭绝，给人类敲醒了警钟，人类意识到保护生物多样性的重要性，可以说，保护生物多样性就是保护人类生存和社会发展的基石，就是保护人类和地球共同的未来。

自此，人类开展了一系列生物多样性保护的法律体系构建工作，并在1992年6月5日联合国召开的里约热内卢世界环境与发展大会上正式通过了《生物多样性公约》（以下简称《公约》），并于1993年12月29日正式生效，《公约》以保护生物多样性、可持续利用生物多样性、公平公正地分享利用遗传资源所产生的惠益为目标。

第55届联合国大会于2001年5月通过第201号决议，宣布每年5月22日为"国际生物多样性日"，以增加对生物多样性问题的理解和认识。

2003年生效的《卡塔赫纳生物安全议定书》给生物科技工业提供了一个国际性的条例架构，目的是最大限度地降低现代生物技术对环境和人类健康可能造成的风险以及对生物多样性的保护和持续利用产生的不利影响。

1972年灭绝的台湾云豹

2010年《公约》缔约方大会第十次会议上通过了《2011—2020年生物多样性战略计划》，激励所有国家和利益相关方在联合国生物多样性10年期间采取措施，推动实现《公约》三大目标。

2015年联合国可持续发展峰会通过了《2030年可持续发展议程》，以社会、经济与环境为三大支柱，设立了涵盖水下生物和陆地生物的生物多样性的保护在内的17项可持续发展目标，169项具体目标。

2020年联合国《公约》发布了基于《2011—2020年生物多样性战略计划》上制订的"2020年后全球生物多样性框架"预稿。

2021年10月11日在中国昆明召开的联合国《公约》第十五次缔约方大会，是联合国首次以"生态文明"为主题召开的全球性会议。旨在倡导推进全球生态文明建设，强调人与自然是生命共同体，强调尊重自然、顺应自然和保护自然，努力达成《公约》提出的到2050年实现生物多样性可持续利用和惠益分享，实现"人与自然和谐共生"的美好愿景。会议通过了《昆明宣言》，承诺加快并加强制定、更新本国生物多样性保护战略与行动计划；优化和建立有效的保护地体系；积极完善全球环境法律框架；增加为发展中国家提供实施"2020年后全球生物多样性框架"所需的资金、技术和能力建

设支持；进一步加强与《联合国气候变化框架公约》等现有多边环境协定的合作与协调行动，以推动陆地、淡水和海洋生物多样性的保护和恢复。

保护生物多样性具体要怎么做呢？除了构建法律体系，目前各国有以下做法：

一是建立自然保护区，实行就地保护。建立自然公园和自然保护区已成为世界各国保护自然生态和野生动植物免于灭绝并得以繁衍的主要手段。我国的神农架、卧龙等自然保护区，对金丝猴、熊猫等珍稀、濒危物种的保护和繁殖起到了重要作用。

二是建立珍稀动物养殖场，开展迁地保护。由于栖息繁殖条件遭到破坏，有些野生动物的自然种群将来势必会灭绝。为此，从如今起就必须着手建立珍稀动物、濒临灭绝动物的养殖场，进行人工辅助保护和繁殖，直到其具备自然生存能力。

三是建立全球性的基因库，使物种得到有效保护。如为了保护作物的栽培种及其濒临灭绝的野生亲缘种，建立全球性的基因库网。如今各国的基因库中已经贮藏了大量的谷类、薯类和豆类等主要农作物的种子。

中国石油倾力守护环渤海生态环境,辽河口湿地吸引了大批迁徙的天鹅在此嬉戏(摄影:孙永宝)

4.9　绿水青山就是金山银山

生态兴则文明兴，生态衰则文明衰。生态文明建设功在当代、利在千秋。党的十八大以来，以习近平同志为核心的党中央站在人类文明兴衰和中华民族永续发展的高度，大力推动生态文明理论创新、实践创新、制度创新，生态文明建设成就举世瞩目，成为新时代党和国家事业取得历史性成就、发生历史性变革的显著标志。习近平总书记多次强调和阐述"绿水青山就是金山银山"的理念，指明了实现发展和保护协同共生的新路径。

2005年8月15日，时任浙江省委书记的习近平在浙江安吉县余村调研时，首次提出"绿水青山就是金山银山"的重要理念和科学论断。"绿水青山就是金山银山，我们过去讲既要绿水青山，又要金山银山，实际上绿水青山就是金山银山。"

2013年9月7日，习近平总书记在哈萨克斯坦纳扎尔巴耶夫大学发表演讲后回答学生提问时说，"我们既要绿水青山，也要金山银山。宁要绿水青山，不要金山银山，而且绿水青山就是金山银山。我们绝不能以牺牲生态环境为代价换取经济的一时发展。"

2019年4月28日，习近平总书记在2019年中国北京世界园艺博览会开幕式上的讲话指出，"绿水青山就是金山银山，改善生态环境就是发展生产力。良好生态本身蕴含着无穷的经济价值，能够源源不断创造综合效益，实现经济社会可持续发展。"

2020年4月，习近平总书记在陕西考察时指出，"人不负青山，青山定不负人。绿水青山既是自然财富，又是经济财富。"

2021年4月30日，习近平总书记在主持十九届中共中央政治局第二十九次集体学习时强调，"生态环境保护和经济发展是辩证统一、相辅相成的，建设生态文明、推动绿色低碳循环发展，不仅可以满足人民日益增长的优美生态环境需要，而且可以推动实现更高质量、更有效率、更加公平、更可持续、更为安全的发展，走出一条生产发展、生活富裕、生态良好的文

四 人类文明、社会进步和生态环境

明发展道路。"

2023年7月,习近平总书记在全国生态环境保护大会上强调,"要持续深入打好污染防治攻坚战,坚持精准治污、科学治污、依法治污,保持力度、延伸深度、拓展广度,深入推进蓝天、碧水、净土三大保卫战,持续改善生态环境质量。"

"绿水青山就是金山银山"的理念(图4.6),为我们平衡发展和环保的关系提供了思想指引和行动指南,不仅引领中国走出了一条兼顾经济与生态的新路子,也为其他发展中国家提供了有益借鉴。沿着这条从绿水青山中开辟的道路,我们一定能让未来的中国既有现代文明的繁荣,也有生态文明的美丽。

图4.6 绿水青山就是金山银山

参 考 文 献

方盛荣，施惠明，2023.原油罐区火灾爆炸的危险性分析及防范对策［J］.今日消防，8（2）：7-10.

黄润秋，2023.引领全球生物多样性走向恢复之路［J］.环境保护，51（11）：11-12.

李中伟，2018.油品储运过程中的静电危害及防止措施［J］.石化技术，25（5）：51.

秦熠，徐润熙，顾琦慷，2016.急性硫化氢中毒救治方法研究进展［J］.中国全科医学，19（S1）：235-237.

熊波，陈健，李克兵，等，2023.工业排放气二氧化碳捕集与利用技术进展［J］.天然气化工（C1化学与化工），48（1）：9-18.

闫伦江，2019.安全环保节能［M］.北京：石油工业出版社.

闫伦江，2022.安全环保与节能减排技术［M］.北京：石油工业出版社.

张华，李兴春，吴百春，等，2021.石油炼制工艺水污染物［M］.北京：石油工业出版社.